YOUERYUAN 16 ZHOU XINBIAOZHUN DAILIANG SHIPU

根据北京市妇幼保健院最新《北京市托幼机构卫生保健工作常规》（2016年版）编写

幼儿园16周新标准带量食谱

范 茜 主编

中国农业出版社
·北京·

图书在版编目（CIP）数据

幼儿园16周新标准带量食谱 / 范茜主编. — 北京：
中国农业出版社，2018.7（2022.5重印）
ISBN 978-7-109-23284-6

Ⅰ．①幼…　Ⅱ．①范…　Ⅲ．①幼儿园－食谱　Ⅳ.
①TS972.162

中国版本图书馆CIP数据核字（2017）第201306号

中国农业出版社出版
（北京市朝阳区麦子店街18号楼）
（邮政编码 100125）
责任编辑　孙利平
———————————
鸿博昊天科技有限公司印刷　　新华书店北京发行所发行
2018年7月第1版　　2022年5月北京第4次印刷

开本：787mm×1092mm　1/12　印张：14
字数：336千字
定价：68.00元
（凡本版图书出现印刷、装订错误，请向出版社发行部调换）

编 委 会

编 者 的 话

中央军委机关事务管理总局六一幼儿园（原总后六一幼儿园）于1960年6月1日建园，占地24000平方米，目前拥有100余名教职员工，19个教学班，近600名幼儿，为北京市及军队示范幼儿园、北京市阳光体育特色园、北京市早期教育示范基地。

幼儿园遵循阳光办园的文化理念，"以阳光心态，创阳光环境，育阳光儿童"，以"优美的环境，优秀的师资，优质的教育"为办园方向，坚持"科研兴教，科教兴园"，将膳食营养作为特色教育的重要组成部分进行打造。近30年，先后承担多项国家、军队立项课题，在健康、艺术、语言等领域探索研究，取得了丰硕的成果。

作为健康领域特色园所，促进幼儿身体动作发展的同时，幼儿园更加注重幼儿科学饮食，致力于落实幼儿每日营养带量摄入，将各种食材合理搭配，科学烹饪，从食谱制订到食材采买、制作，形成一整套的科学流程，保证幼儿每月营养素按比例摄入，促进幼儿身心健康成长，为幼儿茁壮成长保驾护航。

四季食材功能各异，本书是按照四季食材特点编写的食谱，主要特点是：

一、食材家常，时令选材，应和季节，满足幼儿四季生长发育速度及规律。春季万物复苏，需要含钙丰富的食物；夏季烈日炎炎，需要花样丰富、清淡为主的食物；秋季天气干燥，以滋阴润肺食物为主；冬季寒风凛冽，适当摄入高蛋白、高热量的食物，以温补为主。

二、16周四季食谱，餐餐不同，营养丰富，每月、每周进行营养分析，使膳食合理搭配，制作科学，保证幼儿生长发育所需要的各种营养和微量元素。

三、按照北京市妇幼保健院最新调整的《北京市托幼机构卫生保健工作常规》（2016年版）（以下简称《常规》）标准制订食谱，品种丰富多样，符合国家为全民制订的金字塔型膳食要求。

幼儿园将历年积累的400余种菜品与新《常规》相结合，从中遴选出200余种简单易做、应季、成本低的食材，通过粗菜精做，力争在色、香、味、口感、营养等方面满足幼儿生长的需要。同时，以此为基础，进一步听取幼儿园家长委员会及来园观摩教师的意见，不断改良，不懈探索，使幼儿带量食谱的编制能够更加丰富完善。

感谢中央军委机关事务管理总局复兴路区域组织协调组、北京市丰台区教育委员会学前科、北京市丰台区妇幼保健院等上级单位在本书编写过程中给予的指导。

由于本书的编写人员来自幼儿园一线教职工，虽具有较强的实践能力，但文字编辑能力有限，在编写过程中难免会有一些瑕疵，还请读者在阅读后留下宝贵的意见和建议，以便我们不断改进、完善。谢谢！

中央军委机关事务管理总局六一幼儿园

2018年3月

目 录

第一章
春季篇

目
录

第二章
夏季篇

第三章
秋季篇

目
录

第四章
冬季篇

第一章
春季篇

第一节 面食

一、肉松奶馒头

主料： 中筋面粉30克、肉松5克

配料： 牛奶5克、白糖1.5克、干酵母少许

做法：

❶ 将中筋面粉、牛奶、白糖、干酵母一起放入容器中，加入适量温水，搅拌均匀，和成面团，揉7～8分钟，醒发30分钟。

❷ 将醒好的面团擀成面片，把肉松均匀地撒在面片上，从面片长边卷起，卷成条状。将条状面团均匀地切成4厘米长的小段，放在屉上醒发10分钟，中火蒸20分钟即可。

二、紫米面开花馒头

主料： 中筋面粉30克、紫米面5克

配料： 牛奶5克、白糖1.5克、干酵母少许

做法：

❶ 将中筋面粉和紫米面分别加入牛奶、白糖、干酵母、水，和成两份面团。

❷ 将发好的白面团、紫米面团均匀地揪成若干个面剂，取一个白面剂擀成圆片，将一个紫米面剂包于其中，团成鸡蛋大小的面团，在顶部打上十字花刀，放在屉上醒发10分钟，中火蒸20分钟即可。

三、三色盘卷

🥬 主料：中筋面粉40克

🍲 配料：菠菜10克、胡萝卜10克、番茄10克、鸡蛋8克、牛奶5克，干酵母、白糖少许

🍳 做法：

❶ 菠菜、胡萝卜、番茄洗净，榨汁；鸡蛋打散，备用。

❷ 将中筋面粉分成三份，分别加入番茄汁、胡萝卜汁、菠菜汁后，三份均再加入牛奶、蛋液、干酵母、白糖，和成不同颜色、稍硬一点儿的面团，备用。

❸ 将三种颜色的面团分别均匀地分成大小相同的剂子，每种颜色各取一个剂子，分别搓成细长条。将三色长条面像编小辫一样编在一起，团成一团，上屉醒发20分钟，中火蒸30分钟即可。

四、奶黄包

🥬 主料：小麦面粉25克

🍲 配料：鸡蛋5克、奶粉5克、黄油3克、白糖2克、澄粉2克、干酵母0.3克

🍳 做法：

❶ 鸡蛋打散，备用；将蛋液、奶粉、黄油、白糖（用一半的量）、澄粉、水倒进容器中，搅拌均匀，上锅隔水蒸10分钟，再搅拌均匀，凝固成奶黄馅，备用。

❷ 小麦面粉、白糖（用剩下的量）、干酵母加温水，和成面团，醒发1小时。

❸ 将面团分成大小相同的剂子，取一个剂子压扁，擀成稍厚一些的面皮，包入奶黄馅，上屉醒发20分钟，开火蒸20分钟即可。

五、三色芝麻花卷

🌾 主料：小麦面粉（富强粉）25克

🍲 配料：火腿5克、鸡蛋5克、牛奶5克、黑芝麻2克、白芝麻1克，白糖、干酵母少许

🍚 做法：

❶ 鸡蛋打散，备用；将小麦面粉（富强粉）、白糖、干酵母加温水、蛋液、牛奶，和成面团，醒发1小时；火腿切丁，备用。

❷ 将醒好的面团擀成面片，撒上黑芝麻、白芝麻、火腿丁，从长边卷起，卷成长条状，均匀地切成6厘米长的段，稍稍拉长，拧成花卷，上屉醒发20分钟，中火蒸20分钟即可。

六、肉松紫菜卷

🌾 主料：小麦面粉20克

🍲 配料：牛奶5克、鸡蛋5克、肉松2克、紫菜1克，干酵母、白糖少许

🍚 做法：

❶ 鸡蛋打散，备用；小麦面粉、牛奶、蛋液、干酵母、白糖加温水，和成面团，醒发1小时；紫菜撕碎，备用。

❷ 将醒好的面团擀成面片，撒上肉松和紫菜碎，从长边卷起，卷成长条状，均匀地切成3厘米长的段，上屉醒发20分钟，中火蒸30分钟即可。

七、葱花饼

主料：低筋面粉20克

配料：鸡蛋5克、牛奶5克、大葱5克、花生油2克、盐0.2克

做法：

❶ 鸡蛋打散，与低筋面粉、牛奶、温水一起和成较软的面团，醒发10分钟。大葱洗净，切成葱花，备用。

❷ 将醒好的面团反复揉5分钟，擀成长方形大片，抹花生油，撒葱花，加盐，从长边卷起，卷成长条状。

❸ 将长条面盘起，擀成圆饼，放入预热好的饼铛里，烙1分钟，翻面抹油，待两面金黄出锅，切成菱形块即可。

八、西葫芦饼

主料：面粉20克、西葫芦20克、鸡蛋5克

配料：花生油2克，盐、花椒粉少许

做法：

❶ 西葫芦洗净、擦丝，加盐，腌出水分，沥干；鸡蛋打散，备用。

❷ 西葫芦丝中放入面粉、蛋液、花椒粉、盐、水，拌成面糊。

❸ 平底锅刷花生油，取适量面糊放入锅中，摊平，中小火煎制，期间晃动锅，待饼可以在锅底滑动时翻面，再煎另一面，稍上色即可。

🌸 第二节 米 饭

一、排骨蒸饭

🅥 主料：大米45克、猪肋排35克

🥣 配料：菠菜10克、胡萝卜3克、老抽2克、白糖2克、干黑木耳1克、料酒1克、盐0.3克

🍲 做法：

❶ 猪肋排在温水中浸泡30分钟，去血水，捞出，剁寸段，焯水；菠菜洗净、焯熟，切2厘米长的段；胡萝卜洗净，切丁；干黑木耳洗净，泡发，切丝，焯熟备用。

❷ 焯好的猪肋排中加入老抽、白糖、料酒、盐，腌制20分钟入味。

❸ 将大米淘洗干净，和猪肋排、胡萝卜丁一起放入容器中，搅拌均匀，加入适量水，上屉蒸50分钟，撒入菠菜段、木耳丝即可。

二、彩帽饭

🅥 主料：大米35克、鸡蛋5克、菠菜3克、豌豆2克、玉米粒2克、胡萝卜2克

🥣 配料：盐0.2克、花生油少许

🍲 做法：

❶ 鸡蛋打散，锅入花生油烧热，将蛋液摊成片，晾凉，切丝；菠菜洗净，焯熟，切1厘米长的小段；大米、豌豆、玉米粒洗净；胡萝卜洗净，切丁，备用。

❷ 在容器中依次放入蛋丝、豌豆、玉米粒、胡萝卜丁、大米，加盐调味，上屉蒸40分钟，扣入碗中，撒入菠菜段即可。

三、豆豆彩丁蒸饭

主料： 大米40克

配料： 绿豆1克、红豆1克、胡萝卜1克、鲜豌豆0.5克、白芸豆0.5克、黑豆0.5克

做法：

❶大米、绿豆、红豆、白芸豆、黑豆洗净，浸泡4小时；胡萝卜洗净，切丁，备用。

❷将泡好的豆类、大米、胡萝卜丁、鲜豌豆及适量的水放入容器中，上屉蒸40分钟即可。

四、果仁米饭

主料： 大米40克

配料： 松子仁2克、核桃仁1克、葵花子1克、葡萄干0.5克

做法：

❶大米洗净；松子仁、核桃仁、葵花子、葡萄干洗净，浸泡10分钟。

❷将浸泡好的松子仁、核桃仁、葵花子、葡萄干及大米放入容器中，搅拌均匀（注：图片中的菜品为了美观，未进行搅拌，实际操作时需要搅拌均匀，以下简略，不再说明），加入适量的水，上屉蒸40分钟即可。

五、珍珠蒸饭

🌾 主料：大米35克

🥄 配料：小米5克、粳米2克

🍲 做法：

❶ 大米、小米、粳米分别洗净，浸泡10分钟。

❷ 将大米、小米、粳米倒入容器中，搅拌均匀，加入适量的水，上屉蒸40分钟即可。

六、红豆绿豆米饭

🌾 主料：大米35克

🥄 配料：红豆1克、绿豆1克

🍲 做法：

❶ 红豆、绿豆洗净，浸泡2小时；大米洗净。

❷ 将大米、红豆、绿豆放入容器中，搅拌均匀，加入适量的水，上屉蒸40分钟即可。

七、紫薯米饭

🌱 主料：大米40克

🥄 配料：紫薯2克

🍲 做法：

❶ 大米洗净；紫薯洗净，去皮，切丁，备用。

❷ 将大米和紫薯丁放入容器中，搅拌均匀，放入适量的水，上屉蒸40分钟即可。

八、燕麦米饭

🌱 主料：大米40克

🥄 配料：燕麦5克

🍲 做法：

大米、燕麦洗净，放入容器中，搅拌均匀，加入适量的水，上屉蒸40分钟即可。

❀ 第三节 小 菜 ❀

一、香椿炒鸡蛋

- 主料：香椿20克、鸡蛋15克
- 配料：花生油1克、盐0.2克
- 做法：

① 香椿洗净，焯水，捞出，沥干，切末，备用。

② 鸡蛋打散，加入香椿末、盐，搅拌均匀。

③ 锅入花生油，倒入香椿蛋液，炒熟后，装盘即可。

二、桃仁菠菜

- 主料：菠菜20克、核桃仁2.5克
- 配料：花生油1.5克、盐0.2克、葱姜末少许
- 做法：

① 菠菜去根，洗净，切段；核桃仁洗净，焯水，备用。

② 锅入花生油，煸香葱姜末，倒入菠菜段、核桃仁，均匀翻炒，加盐调味，出锅即可。

三、肉末虾仁蛋羹

🌱 主料：鸡蛋25克、虾仁2克、猪肉末2克

🥣 配料：芝麻油1克，酱油、牛奶少许

🍲 做法：

❶ 鸡蛋打散；虾仁去虾线，洗净，焯水，切碎，放入容器中，与蛋液、猪肉末、牛奶搅拌均匀。

❷ 将容器上锅，中火蒸8分钟，出锅后淋入芝麻油、酱油即可。

四、蛋丝炒菠菜

🌱 主料：菠菜30克、鸡蛋10克

🥣 配料：花生油2克、盐0.2克、葱姜末少许

🍲 做法：

❶ 菠菜去根，洗净，切2厘米的段；鸡蛋打散；锅入花生油，将蛋液摊成蛋皮，切成宽0.5厘米的丝，备用。

❷ 锅入花生油，煸香葱姜末，倒入菠菜段、蛋皮丝翻炒，加盐调味，出锅即可。

五、素烩彩丁

🥗 主料：香干5克、胡萝卜5克、洋葱5克、鲜豌豆3克、干黑市耳2克

🥄 配料：花生油l克、盐0.2克，白糖、生抽、葱姜末少许

🍲 做法：

❶ 胡萝卜、洋葱去皮，和香干一起洗净，切丁；鲜豌豆洗净；干黑木耳泡发，切碎，备用。

❷ 锅入花生油，爆香葱姜末，依次下入香干丁、胡萝卜丁、洋葱丁、鲜豌豆、黑木耳碎翻炒，加盐、白糖、生抽调味，翻炒均匀，出锅即可。

一、蜜枣核桃小米粥

🌾主料：小米10克、核桃仁3.5克、蜜枣2克

🥄配料：白糖2克

🍵做法：

❶ 小米、核桃仁、蜜枣洗净，备用。

❷ 锅中烧水，倒入小米，中火煮15分钟，加入核桃仁、蜜枣，小火再煮15分钟，放入白糖即可。

二、猪肝菠菜粥

🌾主料：大米10克、菠菜10克、猪肝5克

🥄配料：盐0.2克，葱姜末、白胡椒粉、芝麻油少许

🍵做法：

❶ 菠菜洗净，焯水，切碎；猪肝洗净，焯水，切丁，用盐、葱姜末、白胡椒粉腌制30分钟，备用。

❷ 大米洗净，入锅煮30分钟，加入猪肝丁，中火煮10分钟，撒入菠菜碎，淋入芝麻油，出锅即可。

三、青豆猪肝小米粥

🥢 主料：小米10克、猪肝5克、青豆5克

🥣 配料：盐0.2克、料酒少许

🍲 做法：

❶青豆洗净；猪肝洗净，焯水，切丁，加盐、料酒腌制20分钟，备用。

❷小米洗净，加入青豆，入锅煮25分钟，再加入猪肝丁，小火煮5分钟，出锅即可。

四、红枣大米薏仁粥

🥢 主料：大米7克、薏米5克、红枣2克

🥣 配料：莲子1克、百合1克、冰糖少许

🍲 做法：

❶薏米、莲子洗净，浸泡6小时；大米、红枣、百合分别洗净，备用。

❷大米、薏米、莲子入锅，中火煮30分钟后，加入红枣、百合，转小火煮10分钟，加入冰糖即可。

一、春笋烧肉

主料：春笋40克、后臀尖20克、香菇5克

配料：冰糖3克、花生油2克、料酒2克、酱油I克、盐0.3
克，八角、香叶、葱姜段少许

做法：

❶春笋洗净，切菱形块；后臀尖洗净，切成2厘米的
方块，焯水；香菇切丁，焯水，备用。

❷锅入花生油烧热，加入冰糖，炒至沸腾，倒入后臀
尖块，炒至金黄色，加入料酒、酱油、盐、八角、香叶、
葱姜段调味，放入春笋块、香菇丁翻炒均匀，倒入水，小
火炖1小时后，大火收汁，装盘即可。

二、金钩南瓜

主料：南瓜55克、虾仁25克

配料：花生油4克、盐0.3克，料酒、葱姜末少许

做法：

❶虾仁洗净，去虾线，加入盐、料酒调味；南瓜洗净，
去皮、瓤，切成柳叶片，备用。

❷锅入花生油烧热，下入葱姜末爆香，倒入虾仁，翻
炒至变色，加入南瓜片翻炒，加盐调味，装盘即可。

三、蟹肉极品豆腐

- 主料：竹笋25克、豆腐15克、蟹肉棒15克、虾仁10克、香菇2克、胡萝卜少许
- 配料：橄榄油3克、盐0.3克，料酒、白胡椒粉、淀粉、高汤、葱姜末少许
- 做法：

① 豆腐切成2厘米的方块，焯水；虾仁去虾线，洗净，加料酒去腥；将竹笋、蟹肉棒、香菇、胡萝卜切成菱形块，焯水，备用。

② 锅入橄榄油，下入葱姜末煸香，加入高汤，将豆腐块、虾仁、蟹肉棒块、竹笋块倒入搅拌，加入香菇块、胡萝卜块，加盐调味，小火煮7～8分钟，大火收汁，撒入白胡椒粉，淀粉勾芡，出锅、装盘即可。

四、彩色牛肉丝

- 主料：牛里脊35克、冬笋20克、彩椒15克、胡萝卜10克、香菇5克
- 配料：花生油3克、盐0.3克，料酒、淀粉、葱姜末少许
- 做法：

① 牛里脊洗净，切丝，加盐、料酒、淀粉腌制，用五六成热的花生油滑出；冬笋、彩椒、胡萝卜、香菇分别洗净，切丝，焯水，备用。

② 锅入花生油，下入葱姜末，炒至金黄色，倒入牛肉丝翻炒，放入冬笋丝、彩椒丝、胡萝卜丝、香菇丝翻炒均匀，加盐、料酒调味，淀粉勾芡，出锅、装盘即可。

五、什锦鱼丁

主料：鳕鱼30克、黄瓜10克、扇贝5克、芹菜5克、胡萝卜5克

配料：色拉油3克、酱油0.5克、盐0.3克，高汤、淀粉、葱姜末、花椒油、料酒少许

做法：

❶ 鳕鱼切块，扇贝洗净，分别加入盐、淀粉、料酒腌制，锅中放入色拉油，烧至五六成热，将鳕鱼块、扇贝滑出；芹菜、胡萝卜、黄瓜切丁，焯水，备用。

❷ 锅入色拉油，煸香葱姜末，加高汤，放入鳕鱼块、黄瓜丁、扇贝、芹菜丁、胡萝卜丁，大火收汁，淋入酱油、花椒油，加盐调味，出锅、装盘即可。

六、吉祥素三鲜

主料：平菇25克、香菇20克、猴头菇15克

配料：菜籽油2克、盐0.3克，料酒、高汤、淀粉、葱姜末少许

做法：

❶ 平菇、香菇、猴头菇洗净，切块，焯水，备用。

❷ 锅入菜籽油，葱姜末煸香，放入平菇块、香菇块、猴头菇块，加料酒，淋入高汤，加盐调味，大火翻炒，加淀粉勾芡，出锅、装盘即可。

七、甜椒银芽鱿鱼丝

🌱主料：绿豆芽50克、鱿鱼30克、甜椒20克

🥄配料：色拉油4克、盐0.3克，胡椒粉、料酒、花
椒油、葱姜末少许

🍲做法：

❶鱿鱼去头、尾、内脏，洗净，切丝，过
油；甜椒洗净，切丝，焯水；绿豆芽去头、去
根、洗净，备用。

❷锅入色拉油，爆香葱姜末，放入鱿鱼丝、
绿豆芽、甜椒丝翻炒，加盐、胡椒粉、料酒调
味，淋入花椒油，出锅、装盘即可。

八、海鲜烩豆腐

🌱主料：虾仁15克、扇贝10克、北豆腐10克、海参5
克

🥄配料：菜籽油3克、盐0.3克，料酒、淀粉、高
汤、葱姜末、海鲜酱油少许

🍲做法：

❶将北豆腐切菱形块，焯水；虾仁去虾线，
洗净；海参去内脏，洗净，切菱形块，焯水；扇
贝洗净，备用。

❷锅入菜籽油，炒香葱姜末，加高汤、料酒，
放入海参块、虾仁、扇贝翻炒，倒入豆腐块，小
火烧20分钟，加盐、海鲜酱油调味，淀粉勾芡，
出锅、装盘即可。

九、五色炒玉米

主料：胡萝卜40克、黄瓜40克、鲜豌豆30克、玉米粒20克、洋葱5克、干黑木耳2克

配料：花生油5克、盐0.3克，淀粉、料酒、芝麻油、葱姜末少许

做法：

❶ 将胡萝卜、黄瓜、洋葱洗净，切小丁；干黑木耳泡发，焯水，撕小片；鲜豌豆、玉米粒焯水，备用。

❷ 锅入花生油，入葱姜末炒香，倒入胡萝卜丁、黄瓜丁、鲜豌豆、玉米粒、洋葱丁、黑木耳片快速翻炒，加入料酒、盐调味，淀粉勾芡，淋入芝麻油，出锅、装盘即可。

十、炒合菜

主料：绿豆芽80克、韭菜30克、胡萝卜20克、鸡蛋15克、粉丝2克、干香菇2克

配料：花生油3克、盐0.3克，料酒、花椒油、葱姜末少许

做法：

❶ 韭菜择洗干净，切段；胡萝卜去皮，切丝；绿豆芽去头、去根，洗净；干香菇泡发，切丝；粉丝泡发；鸡蛋打散，锅入花生油，将蛋液摊成蛋皮，切丝，备用。

❷ 锅入花生油，爆香葱姜末，加入绿豆芽、胡萝卜丝、韭菜段、蛋丝、粉丝、香菇丝翻炒，加入盐、料酒调味，淋入花椒油，出锅、装盘即可。

十一、翡翠虾仁

🌿 主料：黄瓜25克、虾仁20克、菠菜10克、彩椒少许

🥣 配料：花生油2克、盐0.3克，淀粉、料酒、白胡椒粉、葱姜末少许

🍲 做法：

❶ 菠菜洗净，榨汁；虾仁去虾线，洗净，将一半虾仁加入盐、料酒、淀粉腌制，另一半虾仁在菠菜汁中浸泡6小时，捞出沥干，加入盐、料酒、淀粉腌制，将腌好的虾仁入油锅分别滑出两份虾仁；黄瓜、彩椒洗净，切菱形块，备用。

❷ 锅入花生油，煸香葱姜末，倒入双色虾仁、黄瓜块、彩椒块煸炒，加盐、白胡椒粉调味，淀粉勾薄芡，出锅、装盘即可。

十二、菜肉团子

🌿 主料：荠菜110克、面粉25克、玉米面20克、猪肉馅15克、豆面5克、鸡蛋5克

🥣 配料：芝麻油3克、盐0.3克，料酒、生抽、葱姜末少许

🍲 做法：

❶ 猪肉馅加葱姜末、料酒、生抽、盐腌制；荠菜择净，焯水，攥干，切末；锅入芝麻油，加猪肉馅煸炒，沥油，晾凉后，与荠菜末搅拌均匀，做成馅料；鸡蛋打散，备用。

❷ 面粉用温水调开，分多次与玉米面、豆面、蛋液充分混合，揉成面团，均匀分成若干个剂子，加入馅料，揉成团子，上屉蒸20分钟即可。

十三、红烧莲藕丸子

- 主料：莲藕40克、猪肉30克
- 配料：花生油4克、盐0.3克，生抽、淀粉、料酒、高汤、葱姜末、芝麻油少许
- 做法：

❶ 猪肉绞馅，加盐、生抽、淀粉、料酒、葱姜末、芝麻油调味，搅拌均匀；莲藕去皮洗净，剁碎，备用。

❷ 将猪肉馅与莲藕碎混合搅拌，挤成丸子，锅入花生油，待油温60℃时，下丸子炸至金黄色，捞出、沥油。

❸ 锅入花生油，煸香葱姜末，下入炸好的丸子，加高汤，小火炖10分钟，加盐、生抽调味，出锅即可。

十四、芦笋熘肉片

- 主料：芦笋45克、猪里脊30克
- 配料：花生油3克、盐0.3克，淀粉、料酒、葱姜末少许
- 做法：

❶ 猪里脊洗净，切片，加盐、淀粉、料酒、葱姜末调匀，腌制入味，滑油捞出；芦笋洗净，切成菱形段，焯水，备用。

❷ 锅入花生油，入葱姜末炒香，倒入芦笋段、肉片一同翻炒，加盐调味，淀粉勾芡，出锅、装盘即可。

十五、豉汁蒸排骨

🥬 主料：猪肋排40克

🥗 配料：豆豉1克、生抽0.5克、盐0.3克，料酒、淀粉、芝麻油、葱姜末少许

🍲 做法：

❶ 猪肋排在温水中浸泡30分钟，去血水，捞出，剁成段，焯水，加入生抽、盐、料酒、淀粉、葱姜末腌制30分钟，加入豆豉，搅拌均匀。

❷ 将猪肋排码在容器上，上锅蒸40分钟，出锅前，淋入芝麻油，即可。

十六、油菜千叶豆腐

🥬 主料：油菜100克、千叶豆腐20克

🥗 配料：花生油4克、酱油1克、盐0.3克，料酒、高汤、葱姜末少许

🍲 做法：

❶ 油菜洗净，焯水，切段；千叶豆腐切菱形块，锅入花生油，待油温达到60℃，过油炸至金黄色，备用。

❷ 锅入花生油，煸香葱姜末，油菜段入锅煸炒，倒入千叶豆腐块，翻炒均匀，加入高汤，大火收汁，加酱油、盐、料酒调味，出锅、装盘即可。

十七、虾仁油白菜墩

- 主料：黄心菜50克（可用娃娃菜代替）、虾仁20克、豆腐丝15克、菠菜10克
- 配料：花生油3克、盐0.3克，淀粉、白胡椒粉、葱姜末少许
- 做法：

　　❶虾仁去虾线，洗净；菠菜洗净，榨汁；将虾仁在菠菜汁中浸泡6小时，捞出，沥干，加白胡椒粉、葱姜末调味；黄心菜洗净，沥水，顺头切段，焯水，备用。

　　❷黄心菜、虾仁、豆腐丝码入容器中，上锅蒸10分钟。

　　❸锅入花生油，煸香葱姜末，用淀粉勾芡，加盐调味，将芡汁淋在蒸好的菜上即可。

十八、生菜豆腐

- 主料：生菜110克、北豆腐15克
- 配料：盐0.3克、芝麻油少许
- 做法：

　　❶北豆腐切菱形块，焯水，加盐调味；生菜去根，撕小片，洗净，备用。

　　❷将生菜片、豆腐块码于容器中，上锅蒸10分钟，淋入芝麻油，出锅、装盘即可。

十九、丰收珍珠虾

主料：虾仁20克、糯米15克、猪肉10克、紫米10克、鸡蛋10克

配料：盐0.3克，淀粉、料酒、葱姜水、芝麻油少许

做法：

① 鸡蛋打散，制成蛋液；猪肉洗净，剁碎，加入蛋液、盐、淀粉、料酒、葱姜水、芝麻油调味，拌匀，制成猪肉馅；虾仁去虾线，洗净，剁馅；糯米、紫米混合洗净，浸泡1.5小时，备用。

② 将猪肉馅加虾仁馅混合搅拌，挤成丸子，在混合好的紫米、糯米中滚动，使丸子表面均匀地粘满米，码在容器上，上锅蒸30分钟即可。

第六节 汤

一、海带萝卜丝汤

🌱主料：白萝卜l0克、海带5克

🍵配料：盐0.2克，姜丝、胡椒粉、芝麻油、香菜末少许

🍲做法：

❶白萝卜洗净，去皮，切丝；海带洗净，切丝，备用。

❷锅中倒入水，将白萝卜丝、海带丝煮沸，加入盐、姜丝、胡椒粉，淋上芝麻油调味，出锅，撒入香菜末即可。

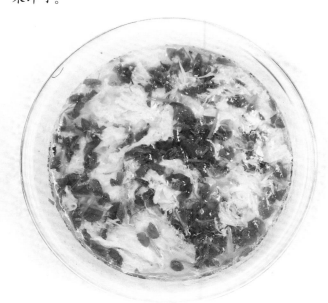

二、豆苗蛋汤

🌱主料：豌豆苗l5克、鸡蛋5克

🍵配料：盐0.2克，胡椒粉、芝麻油少许

🍲做法：

❶豌豆苗去根，洗净，切成2厘米长的段；鸡蛋打散，制成蛋液，备用。

❷锅中加水煮沸，放入豌豆苗段，开锅后，淋入蛋液，加入盐、胡椒粉调味，淋上芝麻油即可。

三、西湖牛肉羹

（素材图标）主料：牛里脊5克、鸡蛋5克

（配料图标）配料：淀粉0.5克、盐0.2克，胡椒粉、料酒、香菇、姜、香菜、花生油、芝麻油少许

（做法图标）做法：

❶ 将牛里脊绞馅，加入盐、胡椒粉、料酒腌制10分钟，锅入花生油，炒香；香菇、姜、香菜切碎；鸡蛋打散，制成蛋液，备用。

❷ 锅加水煮沸，放入牛肉馅、香菇碎、姜碎，加盐、胡椒粉调味，淀粉勾芡，淋入蛋液，撒上香菜碎，淋入芝麻油即可。

四、口蘑木耳蛋汤

（素材图标）主料：鸡蛋5克、口蘑3克、干黑市耳2克

（配料图标）配料：盐0.2克，酱油少许

（做法图标）做法：

❶ 口蘑洗净，切片；干黑木耳泡发，切丝；鸡蛋打散；香菜洗净，切碎，备用。

❷ 锅加水煮沸，放入口蘑片、黑木耳丝，加酱油调色，烧开，淋入蛋液，加盐，出锅即可。

第七节　蛋　糕

一、什锦蛋糕

🥄 主料：低筋面粉20克

🍚 配料：鸡蛋5克、牛奶5克、黄油2克、白糖1克、豌豆0.3克、玉米粒0.3克、胡萝卜0.3克、花生油少许

🍲 做法：

① 胡萝卜洗净，去皮，切丁，与豌豆、玉米粒一同焯水，备用。

② 将低筋面粉、黄油、白糖一同放入打蛋器，高速打发20分钟，使液体发白；鸡蛋打散，在蛋液中加入牛奶，低速打发5分钟，再加入低筋面粉搅拌均匀，和成面糊。

③ 烤盘底部刷一层花生油，铺上蛋糕纸，再刷一层花生油；将面糊均匀地倒入烤盘，烤箱上火180℃、底火200℃，烤制20分钟；在烤好的蛋糕上刷一层花生油，将焯好的胡萝卜丁、玉米粒、豌豆撒在烤制好的蛋糕上，再烤制5分钟即可。

二、果料蛋糕

🌾 主料：低筋面粉20克

🥣 配料：牛奶5克、鸡蛋5克、黄油I克、白糖I克、果脯0.25克、花生油少许

🍲 做法：

❶ 将低筋面粉、黄油、白糖一同放入打蛋器，高速打发20分钟，使液体发白；鸡蛋打散，在蛋液中加入牛奶，低速打发5分钟，再加入低筋面粉搅拌均匀，和成面糊。

❷ 烤盘底部刷一层花生油，铺蛋糕纸，再刷一层花生油，将面糊均匀地倒入烤盘，烤箱上火180℃、底火200℃，烤制20分钟；在烤好的蛋糕上刷一层花生油，将果脯切丁，撒在烤制好的蛋糕上，再烤制5分钟即可。

三、水果蛋糕

主料：低筋面粉25克、鸡蛋10克、牛奶5克

配料：黄油1.5克、白糖0.5克、火龙果0.5克、苹果0.5克、猕猴桃0.5克、西瓜0.5克、花生油少许

做法：

❶ 将低筋面粉、黄油、白糖一同放入打蛋器，高速打发20分钟，使液体发白；鸡蛋打散，在蛋液中加入牛奶，低速打发5分钟；再加入低筋面粉搅拌均匀，和成面糊。

❷ 烤盘底部刷一层花生油，铺蛋糕纸，再刷一层花生油，将面糊均匀地倒入烤盘，烤箱上火180℃、底火200℃，烤制20分钟；在烤好的蛋糕上再刷一层花生油，将火龙果、苹果、猕猴桃、西瓜切丁，撒在烤好的蛋糕上，再烤制5分钟即可。

四、虎皮蛋糕

🌿 主料：低筋面粉25克、鸡蛋5克、牛奶5克

🥄 配料：黄油1克、白糖0.5克、可可粉0.5克、花生油少许

🍲 做法：

❶ 将低筋面粉、白糖、黄油一同放入打蛋器，高速打发20分钟，使液体发白；鸡蛋打散，在蛋液中加入牛奶，低速打发5分钟，再加入低筋面粉搅拌均匀，和成面糊。

❷ 烤盘底部刷一层花生油，铺蛋糕纸，再刷一层花生油，将面糊均匀地倒入烤盘，烤箱上火180℃、底火200℃，烤制20分钟。

❸ 在蛋糕上刷一层花生油，将可可粉用水稀释，淋洒在蛋糕上，随意造型，再烤制5分钟即可。

春季第 1 周食谱

		星期一（Mon）		星期二（Tue）		
	食 谱	带量／人	食 谱	带量／人	食 谱	
早餐	麻酱花卷	小麦面粉（富强粉）20 克，芝麻酱 5 克，鸡蛋 5 克，绵白糖 1 克	虎皮蛋糕	小麦面粉（标准粉）20 克，红皮鸡蛋 5 克，牛乳 5 毫升，黄油 1 克，黑芝麻 0.5 克，绵白糖 0.5 克，可可粉 0.5 克	紫米面开花馒头	
	糯米红枣莲子粥	干莲子 5 克，糯米 4 克，干枣 0.2 克			蜜枣核桃小米粥	
			鲜牛奶	牛乳 250 毫升		
	番茄蛋羹	番茄 15 克，红皮鸡蛋 15 克，芝麻油 0.5 克，黑芝麻 0.3 克，精盐 0.2 克	酱牛肉	酱牛肉 15 克，大葱 1 克，胡萝卜 1 克，白芝麻 0.5 克，芝麻油 0.1 克	五香豆腐丝	
加餐	鲜牛奶	牛乳 250 毫升	黑豆豆浆	黑豆 15 克	酸奶	
	星星饼干	饼干 5 克	拇指饼干	饼干 5 克	月亮饼干	
午餐	排骨蒸饭	稻米 45 克，猪小排 35 克，菠菜 10 克，胡萝卜 3 克，绵白糖 2 克，老抽 2 克，料酒 1 克，精盐 0.3 克	玉米松仁饭	稻米 40 克，干玉米 2 克，松子仁 2 克	什锦菜丁饭	
					胡萝卜烧牛肉	
			油菜丸子	油菜 50 克，猪肉（肥瘦）20 克，红皮鸡蛋 5 克，花生油 3 克，精盐 0.3 克		
	木耳奶白菜	奶白菜 100 克，泡发黑木耳 5 克，花生油 3 克，精盐 0.3 克			腰果西芹丁	
	黄瓜蛋汤	黄瓜 10 克，红皮鸡蛋 2 克，精盐 0.2 克	素炒金银丝	绿豆芽 50 克，胡萝卜 10 克，花生油 3 克，精盐 0.3 克	木须豆腐汤	
			番茄蛋汤	番茄 5 克，红皮鸡蛋 2 克，精盐 0.2 克		
午点	苹果	苹果 200 克	脐橙	脐橙 200 克	草莓	
	酸奶	酸奶 100 毫升	酸奶	酸奶 100 毫升	鲜牛奶	
晚餐	金银奶馒头	小麦面粉（标准粉）35 克，玉米面 5 克，牛乳 3 毫升，红皮鸡蛋 2 克，黑芝麻 1 克	三色盘卷	小麦面粉（标准粉）40 克，菠菜 10 克，胡萝卜 10 克，番茄 10 克，鸡蛋 8 克	三鲜水饺	
	蟹肉极品豆腐	竹笋 25 克，蟹肉 15 克，北豆腐 15 克，虾仁 10 克，精盐 0.3 克	金钩南瓜	南瓜 55 克，虾仁 25 克，牛乳 5 毫升，花生油 4 克，精盐 0.3 克		
	双色萝卜丝	白萝卜 75 克，胡萝卜 25 克，花生油 4 克，橄榄油 3 克，香菇 2 克，精盐 0.3 克	素炒笋片	莴笋 120 克，花生油 4 克，精盐 0.3 克		
	小白菜粥	小白菜 10 克，稻米 10 克，精盐 0.2 克	薏米大米粥	稻米 6 克，薏米 5 克		

星期三（Wed）	星期四（Thu）		星期五（Fri）	
带量／人	食　谱	带量／人	食　谱	带量／人
小麦面粉（标准粉）30 克，紫米 5 克，牛乳 5 毫升，绵白糖 1.5 克	椒盐千层卷	小麦面粉（富强粉）20 克，花椒 0.5 克，精盐 0.2 克	葡萄干发糕	小麦面粉（富强粉）20 克，葡萄干 2 克，绵白糖 2 克，干核桃 2 克
小米 10 克，干核桃 3.5 克，绵白糖 2 克，蜜枣 2 克	鲜牛奶	牛乳 250 毫升	肉末小白菜粥	小白菜 10 克，稻米 6 克，玉米面 5 克，猪肉（后臀尖）2 克，精盐 0.2 克
豆腐干 15 克，大葱 1 克，香菜 1 克，芝麻油 1 克，胡萝卜 1 克，花生油 0.5 克，精盐 0.2 克	茶鸡蛋	红皮鸡蛋 30 克，花茶 2 克，精盐 0.5 克	香椿炒鸡蛋	香椿 20 克，红皮鸡蛋 15 克，花生油 1 克，精盐 0.2 克
酸奶 100 毫升	黄豆豆浆	黄豆 15 克	鲜牛奶	牛乳 250 毫升
饼干 5 克	小熊饼干	饼干 5 克	小兔饼干	饼干 5 克
稻米 35 克，土豆 3 克，豌豆 2 克	黄豆焖饭	稻米 40 克，黄豆 2 克	绿珠米饭	稻米 40 克，豌豆 5 克
胡萝卜 55 克，牛肉（后腿）30 克，花生油 3 克，大葱 2 克，姜 1 克	春笋烧肉	春笋 40 克，猪肉（后臀尖）20 克，干香菇 5 克，花生油 2 克，酱油 1 克，精盐 0.3 克	黄瓜炒猪肝	黄瓜 70 克，猪肝 15 克，花生油 5 克，泡发黑木耳 3 克，精盐 0.5 克
西芹 80 克，熟腰果 5 克，花生油 5 克，酱油 1 克，精盐 0.3 克	菠菜炒鸡蛋	菠菜 80 克，红皮鸡蛋 15 克，花生油 2 克，精盐 0.3 克	蒜薹炒里脊丝	蒜苗 80 克，猪肉（里脊）25 克，色拉油 5 克
金针菜 2 克，北豆腐 1 克，泡发黑木耳 1 克，精盐 0.2 克	海带萝卜丝汤	白萝卜 10 克，海带 5 克，精盐 0.2 克	海米香葱汤	虾米 2 克，小葱 1 克，精盐 0.5 克
草莓 200 克	香蕉	香蕉 200 克	香梨	香梨 200 克
牛乳 250 毫升	酸奶	酸奶 100 毫升	酸奶	酸奶 100 毫升
大白菜 80 克，小麦面粉（标准粉）40 克，猪肉（肥瘦）30 克，韭菜 25 克，虾仁 10 克，红皮鸡蛋 5 克，芝麻油 3 克，酱油 1 克，精盐 0.5 克	豆沙包	小麦面粉（富强粉）35 克，红豆沙 10 克	虾仁香菜蛋龙	小麦面粉（标准粉）35 克，猪肉（肥瘦）15 克，虾仁 10 克，香菜 10 克，白皮鸡蛋 5 克
	番茄翅中	鸡翅中 25 克，番茄 20 克，干香菇 5 克，花生油 5 克，黑芝麻 2 克，酱油 1.5 克，精盐 0.3 克	蒜蓉西蓝花	西蓝花 70 克，花生油 5 克，大蒜 2 克，精盐 0.5 克
	干贝油麦菜	油麦菜 90 克，干扇贝 10 克，花生油 5 克，精盐 0.3 克	江米绿豆粥	糯米 10 克，绿豆 1 克
	大米红薯粥	稻米 6 克，红薯 5 克		

	星期一（Mon）		星期二（Tue）		
	食 谱	带量／人	食 谱	带量／人	食 谱
早餐	虎头卷	小麦面粉（标准粉）20 克，牛乳 5 毫升	什锦蛋糕	小麦面粉（标准粉）20 克，红皮鸡蛋 5 克，牛乳 5 毫升，黄油 2 克，绵白糖 1 克，胡萝卜 0.3 克，鲜玉米 0.3 克，豌豆 0.3 克	肉松奶馒头
	红豆米粥	稻米 8 克，红豆 1 克			
	素什锦	素什锦 15 克，胡萝卜 2 克，炒花生 2 克，大葱 2 克，白芝麻 1.5 克，芝麻油 1 克，绵白糖 1 克	鲜牛奶	牛乳 250 毫升	大米粥
			桃仁菠菜	菠菜 20 克，鲜核桃 2.5 克，花生油 1.5 克，精盐 0.2 克	彩椒炒鸡蛋
加餐	鲜牛奶	牛乳 250 毫升	黑豆豆浆	黑豆 15 克	酸奶
	小鸟饼干	饼干 5 克	小鱼饼干	饼干 5 克	小马饼干
午餐	珍珠蒸饭	稻米 35 克，小米 5 克，粳米 2 克	紫薯米饭	稻米 40 克，紫薯 2 克	红豆绿豆饭
	彩色牛肉丝	牛肉（肥瘦）35 克，冬笋 20 克，甜椒 15 克，胡萝卜 10 克，香菇 5 克，花生油 3 克，精盐 0.3 克	农夫排骨	猪小排 45 克，黄瓜 40 克，胡萝卜 20 克，花生油 2 克，精盐 0.3 克	毛氏红烧肉
			吉祥素三鲜	蘑菇 25 克，香菇 20 克，猴头菇 15 克，菜籽油 2 克，精盐 0.3 克	
	鸡蛋炒油菜	油菜 70 克，红皮鸡蛋 20 克，花生油 3 克，虾皮 1 克，精盐 0.3 克			豆豉鲮鱼油麦菜
	木耳菜蛋汤	木耳菜 10 克，红皮鸡蛋 5 克，精盐 0.2 克	鸡毛菜蛋汤	鸡毛菜 10 克，红皮鸡蛋 5 克，精盐 0.2 克	海米萝卜蛋汤
午点	苹果	苹果 200 克	香蕉	香蕉 200 克	脐橙
	酸奶	酸奶 100 毫升	酸奶	酸奶 100 毫升	鲜牛奶
晚餐	麻酱千层饼	小麦面粉（标准粉）35 克，芝麻酱 10 克，牛乳 5 毫升，绵白糖 3 克	萝卜丝素包	小麦面粉（富强粉）35 克，胡萝卜 15 克，白萝卜 15 克，白皮鸡蛋 10 克，牛乳 5 毫升，精盐 0.5 克	番茄鸡蛋卤面
	什锦鱼丁	鳕鱼 35 克，黄瓜 10 克，胡萝卜 5 克，芹菜 5 克，鲜扇贝 5 克，色拉油 3 克，精盐 0.3 克	青椒银芽鱿鱼丝	绿豆芽 50 克，鲜鱿鱼 30 克，青椒 20 克，色拉油 4 克，精盐 0.3 克	
	番茄炒圆白菜	圆白菜 60 克，番茄 40 克，花生油 3 克，精盐 0.3 克	蒜蓉奶白菜	奶白菜 70 克，花生油 4 克，大蒜 2 克，精盐 0.3 克	
	西芹玉面粥	玉米面 10 克，芹菜叶 5 克，白芝麻 1.5 克	红枣大米薏仁粥	稻米 7 克，薏米 5 克，干枣 2 克，百合 1 克，干莲子 1 克	

星期三（Wed）		星期四（Thu）		星期五（Fri）	
带量／人	食　谱	带量／人	食　谱	带量／人	
小麦面粉（标准粉）30克，猪肉松5克，牛乳5毫升，绵白糖1.5克 稻米8克 彩椒25克，红皮鸡蛋10克，花生油6克，精盐0.2克	枣合页 鲜牛奶 卤鸡蛋	小麦面粉（标准粉）25克，干枣1克 牛乳250毫升 红皮鸡蛋25克，酱油3克，精盐0.5克	芝麻馒头 八宝粥 酱鸡肝	小麦面粉（标准粉）20克，牛乳5毫升，黑芝麻2克，干酵母0.25克 稻米4克，黄小米2克，冰糖2克，干枣1克，干莲子1克，核桃仁1克，葵花子仁1克，葡萄干1克，红豆1克，绿豆1克 鸡肝15克，酱油1克，黑芝麻0.5克，精盐0.2克	
酸奶100毫升 饼干5克	黄豆豆浆 花朵饼干	黄豆15克 饼干5克	鲜牛奶 数字饼干	牛乳250毫升 饼干5克	
稻米35克，红豆1克，绿豆1克 猪肉25克，香菇20克，花生油2克，粉条1克，精盐0.3克 油麦菜90克，鲅鱼5克，花生油3克，五香豆豉0.5克，精盐0.3克 白萝卜15克，红皮鸡蛋2克，虾米1克，精盐0.2克	紫米饭 山东小丸子 香干炒芹菜 豆苗蛋汤	稻米35克，紫米5克 猪肉25克，荸荠15克，大葱5克，香菜3克，花生油2克，白皮鸡蛋2克，虾米1克，精盐0.3克 芹菜100克，豆腐干5克，花生油3克，精盐0.5克，胡萝卜0.3克 豌豆苗15克，红皮鸡蛋5克，精盐0.2克	黄豆焖饭 胡萝卜烧鸡翅 蒜苗炒鸡蛋 紫菜蛋花汤	稻米35克，黄豆2克 胡萝卜40克，鸡翅30克，花生油4克，干黑木耳2克，精盐0.5克，绵白糖0.5克 蒜苗90克，红皮鸡蛋15克，花生油4克，精盐0.5克 干紫菜5克，白皮鸡蛋5克，精盐0.2克	
脐橙200克 牛乳250毫升	火龙果 酸奶	火龙果200克 酸奶100毫升	苹果 酸奶	苹果200克 酸奶100毫升	
番茄90克，面条40克，猪肉（后臀尖）25克，红皮鸡蛋20克，菠菜20克，金针菜10克，花生油4克，干黑木耳3克，芝麻油2克，精盐0.3克	豆沙佛手包 海鲜烩豆腐 青豆炒胡萝卜 猪肝菠菜粥	小麦面粉（标准粉）35克，红豆沙10克 虾仁15克，鲜扇贝10克，豆腐10克，鲜海参5克，菜籽油3克，精盐0.3克 胡萝卜80克，毛豆30克，花生油3克，精盐0.3克 稻米10克，菠菜10克，猪肝5克，精盐0.2克	腐乳卷 五色炒玉米 三鲜馄饨	小麦面粉（标准粉）20克，白皮鸡蛋5克，腐乳2克 黄瓜40克，胡萝卜35克，豌豆30克，鲜玉米20克，洋葱5克，花生油5克，泡发黑木耳2克，精盐0.3克 小麦面粉（标准粉）20克，韭菜20克，猪肉（后臀尖）10克，白皮鸡蛋5克，虾仁5克，芝麻油1克，大葱1克，精盐0.3克	

春季第3周食谱

		星期一（Mon）		星期二（Tue）		食 谱
		食 谱	带量／人	食 谱	带量／人	食 谱
早餐		肉松紫菜卷	小麦面粉（标准粉）20克，红皮鸡蛋5克，牛乳5毫升，猪肉松2克，干紫菜1克	葱花饼	小麦面粉（富强粉）20克，鸡蛋5克，牛乳5毫升，鲜大葱5克，花生油2克，精盐0.2克	三色芝麻花卷
		青豆猪肝小米粥	小米10克，青豆5克，猪肝5克，精盐0.2克	鲜牛奶	牛乳250毫升	绿豆粥
		韭菜炒鸡蛋	韭菜20克，红皮鸡蛋15克，花生油5克，精盐0.5克	木耳炒青瓜	黄瓜15克，泡发黑木耳5克，花生油2克，精盐0.2克	肉末蛋羹
加餐		鲜牛奶	牛乳250毫升	黑豆豆浆	黑豆15克	酸奶
		星星饼干	饼干5克	拇指饼干	饼干5克	月亮饼干
午餐		薄饼	小麦面粉（标准粉）40克	黄豆焖饭	稻米40克，黄豆1克	燕麦米饭
		酱肘子	猪肉（后肘）20克，冰糖2克，大葱1克，姜0.5克，大蒜0.5克，酱油0.5克，精盐0.3克，老抽0.2克	翡翠虾仁	黄瓜35克，虾仁20克，菠菜10克，花生油2克，精盐0.3克	红烧鸭肝
		炒合菜	绿豆芽80克，韭菜30克，胡萝卜20克，红皮鸡蛋15克，花生油3克，粉丝2克，干香菇2克，精盐0.3克	肉丝腐竹炒芹菜	芹菜茎70克，猪肉（肥瘦）20克，腐竹5克，花生油2克，精盐0.3克	蒜黄炒鸡蛋
				虾皮香菜汤	香菜10克，虾皮1克	西湖牛肉羹
		绿豆小米粥	小米7克，绿豆2克			
午点		杏	杏200克	枇杷	枇杷200克	火龙果
		酸奶	酸奶100毫升	酸奶	酸奶100毫升	鲜牛奶
晚餐		金笋米饭	稻米45克，胡萝卜5克	蝴蝶卷	小麦面粉（标准粉）35克，红皮鸡蛋5克，腐乳2克	菜肉团子
		红烧平鱼	平鱼40克，花生油5克，绵白糖3克，大葱2克，酱油1克，精盐0.3克	五彩里脊丝	猪肉（里脊）30克，彩椒20克，黄瓜10克，胡萝卜10克，花生油2克，泡发黑木耳2克，精盐0.3克	玛瑙白玉汤
		双菇扒油菜	油菜90克，香菇10克，杏鲍菇10克，花生油3克，精盐0.3克	番茄西蓝花	番茄45克，西蓝花45克，花生油3克，精盐0.3克	
		丝瓜蛋汤	丝瓜15克，红皮鸡蛋5克，精盐0.2克	银耳百合粥	稻米8克，干银耳2克，干百合2克，绵白糖0.5克	

期三（Wed）	星期四（Thu）		星期五（Fri）	
带量/人	食　谱	带量/人	食　谱	带量/人
小麦面粉（富强粉）25克，火腿5克，红皮鸡蛋5克，牛乳5毫升，黑芝麻2克，白芝麻1克	水果蛋糕	小麦面粉（标准粉）25克，白皮鸡蛋10克，牛乳5毫升，黄油1.5克，火龙果0.5克，苹果0.5克，猕猴桃0.5克，白砂糖0.5克，西瓜0.5克	南瓜花卷	南瓜25克，小麦面粉（标准粉）25克，牛乳5毫升
稻米8克，绿豆5克，冰糖3克			金银粥	稻米5克，玉米糁5克，绵白糖1克
红皮鸡蛋25克，猪肉（肥瘦）2克，虾仁2克，芝麻油1克	鲜牛奶	牛乳250毫升	蛋丝炒菠菜	菠菜30克，白皮鸡蛋10克，花生油2克，精盐0.2克
	青豆炒玉米	毛豆10克，鲜玉米5克，花生油2克，精盐0.2克		
酸奶100毫升	黄豆豆浆	黄豆15克	鲜牛奶	牛乳250毫升
饼干5克	小熊饼干	饼干5克	小兔饼干	饼干5克
稻米40克，燕麦片5克	紫米饭	稻米35克，紫米5克	玉米松仁饭	稻米40克，干玉米1克，松子仁1克
胡萝卜30克，鸭肝25克，花生油2克，酱油1克，精盐0.3克	红烧莲藕丸子	藕40克，猪肉（后臀尖）30克，花生油4克，酱油1克，精盐0.3克	豉汁蒸排骨	猪小排40克，五香豆豉1克，酱油0.5克，精盐0.3克
蒜黄110克，红皮鸡蛋15克，花生油3克，精盐0.3克	蒜香茄子	茄子70克，大蒜3克，花生油3克，绵白糖1克，精盐0.3克	油菜千叶豆腐	油菜100克，千叶豆腐20克，花生油4克，酱油1克，精盐0.3克
红皮鸡蛋5克，牛肉（肥瘦）5克，淀粉0.5克，精盐0.2克	香菜冬瓜汤	冬瓜10克，香菜5克，虾米1克		
			黄瓜蛋汤	黄瓜15克，红皮鸡蛋5克，精盐0.2克
火龙果200克	苹果	苹果200克	香蕉	香蕉200克
牛乳250毫升	酸奶	酸奶100毫升	酸奶	酸奶100毫升
荠菜110克，小麦面粉（标准粉）25克，玉米面20克，猪肉（肥瘦）15克，绿豆面5克，红皮鸡蛋5克，芝麻油3克，精盐0.3克	麻酱花卷	小麦面粉（标准粉）30克，牛乳5毫升，芝麻酱2克，绵白糖0.5克	肉龙	猪肉（肥瘦）35克，小麦面粉（标准粉）25克，韭菜25克，大葱25克，香菜15克，香菇10克，牛乳5毫升，芝麻油1克，精盐0.5克
	芦笋熘肉片	芦笋45克，猪肉（后臀尖）30克，花生油3克，精盐0.3克		
菠菜15克，红皮鸡蛋5克，豆腐5克，松子仁0.5克，精盐0.2克	双色莲花白	圆白菜50克，甜椒20克，百合5克，花生油2克，精盐0.3克	菠菜蛋花柳叶汤	菠菜30克，小麦面粉（标准粉）10克，红皮鸡蛋5克，精盐0.5克
	香菇菜花粥	稻米8克，菜花5克，干香菇1克		

春季第4周食谱

		星期一（Mon）		星期二（Tue）		
		食　谱	带量／人	食　谱	带量／人	食　谱
早餐		西葫芦饼	西葫芦 20 克，小麦面粉（标准粉）20 克，白皮鸡蛋 5 克，花生油 2 克	果料蛋糕	小麦面粉（富强粉）20 克，红皮鸡蛋 5 克，牛乳 5 毫升，绵白糖 1 克，黄油 1 克，苹果脯 0.3 克	奶黄包
		大米红薯粥	稻米 6 克，红薯 5 克，绵白糖 1 克	鲜牛奶	牛乳 250 毫升	小人参粥
		虾皮炒鸡蛋	红皮鸡蛋 20 克，虾皮 5 克，花生油 2 克，精盐 0.2 克	什锦鸭肝	鸭肝 15 克，胡萝卜 10 克，毛豆 5 克，芝麻油 1 克，精盐 0.5 克	香肠炒鸡蛋
加餐		鲜牛奶	牛乳 250 毫升	黑豆豆浆	黑豆 15 克	酸奶
		小鸟饼干	饼干 5 克	小鱼饼干	饼干 5 克	小马饼干
午餐		紫米饭	稻米 35 克，紫米 5 克	红薯饭	稻米 40 克，红薯 5 克	猪肉大包
		番茄鱼排	鳕鱼 30 克，番茄 20 克，花生油 2 克，小麦面粉（标准粉）2 克，精盐 0.3 克	虾仁油白菜墩	油菜 50 克，虾仁 20 克，豆腐丝 15 克，菠菜 10 克，花生油 3 克，精盐 0.3 克	
		肉丝炒芹菜	芹菜茎 60 克，猪肉（肥瘦）20 克，花生油 4 克，精盐 0.3 克	素炒紫甘蓝	紫甘蓝 60 克，干香菇 3 克，花生油 3 克，精盐 0.3 克	八宝粥
		丝瓜海带汤	丝瓜 10 克，海带 5 克，精盐 0.2 克	菠菜蛋汤	菠菜 15 克，红皮鸡蛋 5 克，精盐 0.2 克	
午点		甜橙	甜橙 200 克	苹果	苹果 200 克	木瓜
		酸奶	酸奶 100 毫升	酸奶	酸奶 100 毫升	鲜牛奶
晚餐		红豆馒头	小麦面粉（标准粉）30 克，红豆 5 克，牛乳 5 毫升，干酵母 0.25 克	糖三角	小麦面粉（富强粉）30 克，红糖 5 克，干酵母 0.3 克	果仁米饭
		肉末香菇蒜苗	蒜苗 65 克，猪肉（肥瘦）15 克，香菇 3 克，花生油 2 克，精盐 0.3 克	木须肉	黄瓜 60 克，猪肉（肥瘦）15 克，红皮鸡蛋 15 克，干黑木耳 3 克，花生油 3 克	糖醋排骨
				蒜蓉苋菜	苋菜 70 克，大蒜 5 克，花生油 2 克，精盐 0.3 克	
		田园小炒	番茄 30 克，藕 20 克，豌豆（带荚）20 克，干黑木耳 2 克，花生油 2 克，精盐 0.3 克	薏仁米粥	稻米 8 克，薏米 5 克	虾皮西葫芦
		大米山药红枣粥	稻米 8 克，山药 5 克，干枣 0.5 克			紫菜蛋汤

星期三（Wed）带量/人	星期四（Thu）食谱	星期四（Thu）带量/人	星期五（Fri）食谱	星期五（Fri）带量/人
小麦面粉（标准粉）25克，绵白糖2克，红皮鸡蛋5克，全脂奶粉克，黄油3克，澄粉2克，干酵母0.3克	黄金发糕	小麦面粉（标准粉）10克，玉米面10克，白皮鸡蛋5克，牛乳5毫升，干酵母0.25克	双色馒头	小麦面粉（富强粉）20克，牛乳5毫升，芝麻酱4克，干酵母0.25克
稻米6克，胡萝卜5克	鲜牛奶	牛乳250毫升	养生薏米粥	稻米8克，小米2克，薏米1克
红皮鸡蛋15克，黄瓜10克，火腿肠3克，花生油2克	炝炒三丝	绿豆芽15克，海带5克，胡萝卜5克，花生油2克，黑芝麻1克，精盐0.2克	素烩彩丁	胡萝卜5克，豆腐干5克，洋葱5克，豌豆（带荚）3克，干黑木耳2克，花生油1克，精盐0.2克
酸奶100毫升	黄豆豆浆	黄豆15克	鲜牛奶	牛乳250毫升
饼干5克	花朵饼干	饼干5克	数字饼干	饼干5克
大白菜100克，小麦面粉(标准粉)□□克，胡萝卜25克，猪肉(瘦)20克，□仁5克，红皮鸡蛋5克，干黑木耳2克，干酵母0.4克，精盐0.3克	彩帽饭	稻米35克，白皮鸡蛋5克，菠菜3克，鲜玉米2克，胡萝卜2克，豌豆（带荚）2克，精盐0.2克	豆豆彩丁饭	稻米40克，绿豆1克，红豆1克，胡萝卜1克，芸豆0.5克，黑豆0.5克，豌豆（带荚）0.5克
稻米4克，小米3克，红枣2克，葡萄干2克，核桃仁2克，红豆1克，绿豆1克，干莲子1克	可乐鸡翅	鸡翅45克，可口可乐5毫升，花生油2克，绵白糖2克，精盐0.3克	熘肝尖	猪肝20克，胡萝卜20克，玉兰片5克，黑木耳3克，花生油2克，淀粉0.5克，精盐0.3克
	生菜豆腐	生菜110克，北豆腐15克，精盐0.3克	巧手包菜	圆白菜100克，大葱2克，花生油2克，酱油0.5克，精盐0.3克
	口蘑木耳蛋汤	白皮鸡蛋5克，口蘑3克，干黑木耳2克，精盐0.2克		
			南瓜蛋汤	南瓜10克，红皮鸡蛋5克
木瓜200克	草莓	草莓200克	香蕉	香蕉200克
牛乳250毫升	酸奶	酸奶100毫升	酸奶	酸奶100毫升
稻米40克，松子仁2克，干核桃1克，熟葵花子1克，葡萄干0.5克	椒盐花卷	小麦面粉（富强粉）20克，白皮鸡蛋5克，牛乳5毫升，黑芝麻1克，花椒0.5克，干酵母0.25克，精盐0.1克	彩珠烩饭	香大米40克，胡萝卜35克，毛豆20克，广式香肠15克，红皮鸡蛋10克，花生油4克，干黑木耳3克，精盐0.3克
猪小排30克，花生油3克，绵白糖2克，醋2克，酱油2克，精盐0.3克	丰收珍珠虾	虾仁20克，糯米15克，猪肉（肥瘦)10克，紫米10克，白皮鸡蛋10克，精盐0.3克	香菜牛肉羹	香菜20克，牛肉（肥瘦）10克，红皮鸡蛋10克，芝麻油1克，淀粉0.5克，精盐0.2克
西葫芦125克，花生油4克，虾皮2克，精盐0.3克	素炒蒿子秆	蒿子秆120克，花生油3克，精盐0.3克		
白皮鸡蛋5克，虾皮2克，干紫菜1克	香菇菜花粥	菜花10克，稻米8克，干香菇5克		

第二章
夏季篇

第一节 面食

一、美味锅贴

主料： 大白菜85克、低筋面粉40克、韭菜35克

配料： 猪肉馅15克、虾仁10克、鸡蛋10克、花生油2克、芝麻油0.5克、盐0.3克，葱姜末、料酒少许

做法：

❶ 大白菜洗净，剁碎，加入适量的盐，沥去水分；韭菜择洗干净，切碎；虾仁去虾线，洗净，切丁；鸡蛋打散，热油滑熟，切碎，备用。

❷ 猪肉馅中加入葱姜末、料酒、盐、芝麻油调味，放入大白菜碎、韭菜碎、鸡蛋碎和虾仁丁搅拌均匀，制成馅料，备用。

❸ 将低筋面粉中加入适量的水和成面团，醒10分钟；将面团均匀地分成若干个面剂，擀成圆片，放入馅料，包成饺子状。

❹ 锅内放入少许花生油，将包好的锅贴煎至能滑动时，加入少量的水，盖上锅盖，煎至水快干，再次加入少量的水，继续煎3分钟，淋上芝麻油，出锅即可。

二、小笼包

🥄 主料：高筋面粉20克、猪肉馅10克、大葱5克、牛奶5克

🥣 配料：盐0.2克，酵母、生抽、五香粉、芝麻油适量

🍲 做法：

❶ 高筋面粉、牛奶、酵母放入适量的水，和成光滑的面团，醒发30分钟，备用。

❷ 大葱洗净，切碎，与猪肉馅、盐、生抽、五香粉、芝麻油调成馅，备用。

❸ 把醒发好的面团揉成条，切成若干均匀的小剂子，擀成面皮，包入调好的猪肉馅，捏出小褶，做成包子状，放入蒸屉，醒发20分钟，开火蒸30分钟即可。

三、花素猫耳朵

🥄 主料：黄瓜60克、胡萝卜55克、面粉50克

🥣 配料：鸡蛋15克、金针菇10克、彩椒5克、青椒5克、香菇2克、豆腐干2克、花生油4克、生抽2克、豆瓣酱1克、盐0.5克、芝麻油0.5克、葱姜末少许

🍲 做法：

❶ 鸡蛋打散，与面粉、水及少许盐，和成光滑的面团，醒发30分钟；将面团擀成厚面片，切条，再切成小丁，用大拇指压住，向前推捻成猫耳朵状。

❷ 下锅煮熟猫耳朵，捞出，备用。

❸ 香菇洗净，切丁，焯水；金针菇洗净，焯水，切寸段；黄瓜、胡萝卜、彩椒、青椒洗净，切丝；豆腐干切条，备用。

❹ 锅入花生油，爆香葱姜末，依次放入黄瓜丝、胡萝卜丝、彩椒丝、青椒丝、豆腐干条、香菇丁、金针菇段翻炒，加入适量的豆瓣酱、生抽、盐，炒15分钟，淋入芝麻油，出锅，浇在煮熟的猫耳朵上即可。

四、三鲜烧麦

主料： 韭菜40克、高筋面粉25克、猪肉馅20克

配料： 虾仁10克、鸡蛋10克、玉米粒3克、花生油0.5克、盐0.3克，酵母、葱姜末、芝麻油适量

做法：

① 虾仁去虾线，洗净，切碎；玉米粒洗净；韭菜择洗干净，切碎，备用。

② 鸡蛋打散，锅入花生油，炒熟，晾凉后切碎，与猪肉馅、虾仁碎、玉米粒、韭菜碎、葱姜末一起加盐和芝麻油，和成馅。

③ 将高筋面粉和酵母加水，和成面团，醒发10分钟，搓成条状，揪成若干个小剂子，擀成边缘形状不规则的面皮，包入馅料，做成烧麦形状，上屉开火蒸制30分钟，即可。

五、香酥玉米饼

主料： 中筋面粉15克、鸡蛋10克、玉米面5克

配料： 花生油1克、白糖少许

做法：

① 鸡蛋打散，玉米面中加入水、蛋液，和成玉米糊状，再加入中筋面粉和白糖搅匀，备用。

② 锅入花生油，放入玉米糊，摊成小圆饼，煎至两面金黄色，盛出，装盘即可。

六、鲜奶棉桃

主料：高筋面粉35克

配料：鸡蛋5克、牛奶5克、猪油3克、白糖2克、泡打粉适量

做法：

①鸡蛋打散，与牛奶、白糖、软化的猪油搅拌均匀，放入高筋面粉、泡打粉，和成面糊状。

②将面糊放入纸模中八成满，上屉醒发5分钟，开火蒸15分钟，出锅即可。

七、双色甜发糕

主料：中筋面粉10克、紫米面10克、鸡蛋5克

配料：白糖0.5克、酵母0.2克

做法：

①鸡蛋打散；将中筋面粉、紫米面分别加入蛋液、白糖、酵母、适量的水，和成面团，醒发30分钟。

②将醒发好的白面团和紫面团，分上下两层放入容器中，开火蒸制50分钟，切菱形块，即可。

八、红豆糕

- 主料：面粉20克、玉米面20克、红豆沙5克
- 配料：白糖0.5克、酵母0.4克
- 做法：

❶ 将红豆沙用水调成稀糊状，放入面粉、玉米面、白糖、酵母，和成偏稀的面团。

❷ 将面团放入容器中，醒发20分钟，上屉蒸制50分钟，出锅，切菱形块，即可。

九、枣饼

- 主料：面粉40克
- 配料：枣1克、酵母0.4克
- 做法：

❶ 面粉、酵母加入适量的水，和成面团，醒发30分钟；枣洗净，去核，备用。

❷ 将面团搓成长条，揪成若干个小剂子，擀成圆形面皮，对折呈半圆形，在二分之一处切一刀，再对折呈扇形，在中间位置压入枣，上屉开火蒸制30分钟即可。

❀ 第二节 米 饭 ❀

一、咖喱牛肉饭

🥬 主料：大米40克、胡萝卜40克、土豆40克、洋葱20克、
牛肉15克、苹果15克、咖喱粉15克

🥣 配料：花生油3克、盐0.3克，生抽、葱、姜适量

🍲 做法：

❶ 大米洗净，上屉蒸40分钟，备用。

❷ 胡萝卜、土豆、洋葱、牛肉、苹果洗净，切小丁；
葱、姜洗净，切末，备用。

❸ 锅中放入花生油，煸炒洋葱丁、姜末、生抽，加入
咖喱粉、胡萝卜丁、土豆丁、牛肉丁、苹果丁和适量的
水，大火烧开后，改用小火熬制20分钟，加入切好的葱
末和盐调味，把炒好的咖喱牛肉汁浇在米饭上，即可。

二、葡萄干米饭

🥬 主料：大米40克

🥣 配料：葡萄干2克

🍲 做法：

❶ 葡萄干洗净，泡发，备用。

❷ 大米洗净，把泡好的葡萄干均匀地撒在大米上，放
入容器中，加水，开火蒸制40分钟，即可。

三、什锦米饭

- 🥬 主料：大米40克
- 🍲 配料：胡萝卜2克、虾仁2克、青豆1克、玉米粒1克、香菇1克，花生油、盐、葱末少许
- 🍳 做法：

　❶大米洗净，加入适量的水，放入容器中，开火蒸40分钟，备用。

　❷青豆煮熟；玉米粒洗净；虾仁去虾线，和胡萝卜、香菇一起洗净，切丁，备用。

　❸锅入花生油，煸香葱末，加入胡萝卜丁、虾仁丁、青豆、玉米粒、香菇丁翻炒，放入适量盐调味。

　❹将炒好的什锦蔬菜均匀地撒在蒸熟的米饭上，即可。

四、蘑菇焗饭

- 🥬 主料：大米40克
- 🍲 配料：口蘑8克、奶酪5克、香菇2克、花生油1.5克，葱、蒜、盐少许
- 🍳 做法：

　❶大米洗净，加入适量的水，放入容器中，开火蒸制20分钟，备用。

　❷口蘑、香菇洗净，切丁；奶酪切片；葱、蒜洗净，切末，备用。

　❸锅中放入花生油，煸香葱蒜末，将口蘑丁、香菇丁放入锅中煸炒，加盐调味，把米饭倒入，翻炒均匀，出锅。

　❹在米饭上撒上奶酪片，放入200℃的烤箱，烤制10分钟至奶酪上色即可。

五、鲜豆焖饭

🌱 主料：大米40克

🥣 配料：玉米粒l克、鲜豌豆l克、胡萝卜l克

🍲 做法：

❶ 玉米粒、鲜豌豆洗净，焯水；胡萝卜洗净，去皮，切成小丁，焯水，备用。

❷ 容器中放入大米和适量的水，加入玉米粒、鲜豌豆、胡萝卜丁，开火蒸制40分钟即可。

六、红薯米饭

🌱 主料：大米40克

🥣 配料：红薯5克

🍲 做法：

❶ 大米洗净，加入适量的水，备用。

❷ 红薯洗净，去皮，切丁，均匀地撒在大米上，开火蒸制40分钟即可。

七、花生米饭

🌾主料：大米40克

🌱配料：花生仁5克

🍲做法：

❶ 花生仁提前浸泡2小时，备用。

❷ 大米洗净，加入适量的水，将花生仁均匀地撒在大米上，上锅蒸50分钟即可。

八、绿珠米饭

🌾主料：大米40克

🌱配料：豌豆5克

🍲做法：

❶ 豌豆洗净，焯水，备用。

❷ 大米洗净，加入适量的水，将豌豆均匀地撒在大米上，上锅蒸40分钟即可。

九、菠萝米饭

🥬主料：大米35克

🥣配料：菠萝5克

🍲做法：

❶菠萝去皮，洗净，切丁，放入淡盐水中泡10分钟，捞出，备用。

❷大米洗净，放入容器中，加入适量的水，将菠萝丁均匀地撒在大米上，上屉蒸40分钟即可。

十、豆香糯米饭

🥬主料：大米35克

🥣配料：糯米5克、豌豆5克

🍲做法：

❶糯米洗净，浸泡3小时；豌豆洗净，备用。

❷大米洗净，加入糯米、豌豆，上锅蒸40分钟即可。

❀ 第三节 小 菜 ❀

一、什锦时蔬炒蛋

🌱 主料：青椒I0克、鸡蛋I0克、彩椒5克、火腿丝2克

🍶 配料：色拉油2克，盐0.2克、葱姜末少许

🍲 做法：

❶ 青椒、彩椒洗净，切丝；鸡蛋打散，摊成蛋皮，切丝，备用。

❷ 锅入色拉油，煸炒葱姜末，加入青椒丝、彩椒丝、火腿丝、鸡蛋丝一同翻炒均匀，加盐调味，出锅即可。

二、花生藕丁素什锦

🌱 主料：莲藕I0克、花生米5克、烤麸2克、干黑木耳I克

🍶 配料：花生油I克、盐0.2克，老抽、十三香、姜丝少许

🍲 做法：

❶ 花生米煮熟；烤麸、干黑木耳泡发，切小块；莲藕去皮，洗净，切丁，备用。

❷ 锅入花生油，煸香姜丝，下入木耳块、莲藕丁、烤麸块、花生米翻炒，倒入砂锅中，加入老抽、十三香调味，加入温水，没过原料，焖煮30分钟即可。

三、芝麻胡萝卜笋丝

🌱 主料：胡萝卜15克、竹笋5克

🍲 配料：花生油2克、熟黑芝麻0.5克、盐
0.2克

🍯 做法：

❶ 胡萝卜、竹笋洗净，去皮，切丝，
焯水，备用。

❷ 锅入花生油，放入胡萝卜丝、竹
笋丝，加入盐调味，撒上熟黑芝麻即可。

四、双色土豆泥

🌱 主料：土豆10克

🍲 配料：果酱1克

🍯 做法：

❶ 土豆洗净，去皮，上锅蒸20分钟，
捣成泥状，晾凉。

❷ 倒入盘中，加入果酱，稍微搅拌一
下即可。

第四节　粥

一、菜粥

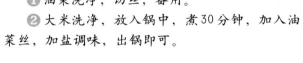主料：大米10克、油菜10克

配料：盐0.2克

做法：

❶油菜洗净，切丝，备用。

❷大米洗净，放入锅中，煮30分钟，加入油菜丝，加盐调味，出锅即可。

二、香芹百合粥

主料：大米8克、香芹5克、百合5克

配料：红豆1克

做法：

❶红豆洗净，泡6小时；大米、百合洗净；香芹洗净，切碎，备用。

❷锅里加水，放入红豆，大火烧开，放入大米、百合，小火熬制40分钟，放入香芹碎，再煮10分钟，出锅即可。

第
一
章
夏
季
篇

第
四
节
粥

三、桃仁紫米粥

🌱 主料：大米8克、紫米5克、核桃仁2克、红枣1.5克

🥣 配料：白糖1克

🍲 做法：

❶ 核桃仁洗净，浸泡；红枣去核，洗净；紫米洗净，备用。

❷ 锅加清水，放入大米、紫米、核桃仁煮沸，改中火煮40分钟，放入红枣，再煮20分钟，加白糖，出锅即可。

四、什锦果仁粥

🌱 主料：大米4克、糯米2克、核桃仁1克

🥣 配料：腰果1克、葡萄干0.5克，枸杞、白糖少许

🍲 做法：

❶ 大米、糯米、核桃仁、腰果、葡萄干、枸杞洗净，备用。

❷ 大米、糯米入锅煮30分钟，加入核桃仁、腰果、葡萄干煮至软烂，放入白糖调味，点缀枸杞，出锅即可。

第五节　菜

一、鸡蛋扇贝炒菜心

主料： 油菜100克、扇贝10克、鸡蛋10克

配料： 花生油3克、淀粉2克、盐0.3克，料酒、芝麻油、葱姜末少许

做法：

①油菜洗净，焯水；扇贝加盐、料酒、淀粉腌制；鸡蛋打散，锅入花生油，炒出，备用。

②锅入花生油，煸香葱姜末，放入扇贝翻炒，倒入油菜、鸡蛋翻炒，加盐调味，淀粉勾芡，淋入芝麻油，出锅即可。

二、粒粒皆辛苦

主料： 胡萝卜30克、鸡胸肉15克、香菇15克、玉米粒10克、花生米5克、松子仁1克

配料： 花生油3克、淀粉1克、盐0.3克，料酒、酱油、葱姜末少许

做法：

①鸡胸肉洗净，切丁，加盐、料酒、酱油、淀粉上浆，用六成热的花生油滑出；花生米、松子仁飞油；胡萝卜、香菇洗净，切丁，焯水，备用。

②锅入花生油，煸香葱姜末，放入鸡肉丁、胡萝卜丁、香菇丁翻炒，加盐调味，淀粉勾芡，撒上松子仁、玉米粒、花生米，出锅即可。

三、农家三样爆肉丁

主料： 五花肉20克、胡萝卜20克、土豆20克、甜椒15克

配料： 大豆油3克、盐0.3克，料酒、甜面酱、淀粉、葱姜末、黑芝麻少许

做法：

❶ 五花肉洗净，去皮，切丁，加盐、料酒、淀粉腌制，用热的大豆油滑出；胡萝卜、土豆洗净，去皮，切丁，拍入淀粉，入八成热油中，炸至金黄色捞出；甜椒洗净，切丁，焯水，备用。

❷ 锅入大豆油，下入甜面酱，爆香葱姜末，加肉丁、胡萝卜丁、土豆丁、甜椒丁，加盐调味，淀粉勾芡，撒上黑芝麻，出锅即可。

四、太阳肉

主料： 猪肉25克、鹌鹑蛋20克

配料： 花生油2克、盐0.3克，料酒、葱姜水、芝麻油少许

做法：

❶ 将猪肉洗净，剁馅，加入花生油、盐、料酒、葱姜水、芝麻油搅匀上劲，制成肉馅，备用。

❷ 取适量的肉馅，放入小碗，按平，中间按出小窝，打入1个鹌鹑蛋，上锅蒸20分钟，装盘即可。

五、蜜汁排骨

🌾主料：猪肋排25克

🍵配料：蜂蜜3克、葱2克、花生油1.5克、冰糖1克、姜1克、蒜1克、酱油1克、盐0.3克，料酒、八角、香叶少许

🍲做法：

❶猪肋排洗净，切寸段，焯水；葱、姜、蒜洗净，切片，备用。

❷锅入花生油，放入冰糖，炒至棕红色，下入排骨，煸香上色，加水，放入葱、姜、蒜片，加酱油、盐、料酒、八角、香叶调味，小火炖40分钟，淋入蜂蜜翻炒，装盘即可。

六、蟹棒圆白菜

🌾主料：圆白菜25克、紫甘蓝20克、蟹肉棒15克

🍵配料：花生油4克、盐0.3克，美极鲜酱油、葱姜末少许

🍲做法：

❶圆白菜、紫甘蓝洗净，切菱形块；蟹肉棒切菱形块，焯水，备用。

❷锅入花生油，爆香葱姜末，放入紫甘蓝块、圆白菜块爆炒，加入盐、美极鲜酱油调味，放入蟹肉棒块翻炒，出锅即可。

七、酸甜莴笋丝

主料：莴笋80克、胡萝卜10克、彩椒5克

配料：花生油4克、醋3克、白糖2克、盐0.3克、葱姜丝少许

做法：

①莴笋、胡萝卜洗净，去皮，切丝；彩椒洗净，切丝，焯水，备用。

②锅入花生油，爆香葱姜丝，放入莴笋丝、胡萝卜丝、彩椒丝翻炒均匀，加入醋、白糖、盐调味，出锅、装盘即可。

八、荟萃五彩丝

主料：胡萝卜20克、彩椒20克、玉兰片10克、青椒5克、干黑木耳2克

配料：花生油2克、盐0.3克，料酒、美极鲜酱油、葱姜末少许

做法：

①胡萝卜洗净，去皮；干黑木耳泡发；彩椒、玉兰片、青椒洗净，以上材料全部切丝，焯水，备用。

②锅入花生油，爆香葱姜末，放入胡萝卜丝、彩椒丝、玉兰片丝、青椒丝、木耳丝快速翻炒，加入盐、料酒、美极鲜酱油调味，出锅即可。

九、奇异果虾仁烩豆腐

🌱主料：虾仁25克、豆腐15克、奇异果10克

🥣配料：花生油2克、盐0.3克，料酒、淀粉、
高汤、葱姜末少许

🍲做法：

❶奇异果去皮，切丁；虾仁去虾线，
洗净，焯水；豆腐切丁，焯水，备用。

❷锅入花生油，煸香葱姜末，加入高
汤，放入虾仁、豆腐丁，小火炖20分钟，
加盐、料酒调味，淀粉勾芡，撒上奇异果
丁，出锅即可。

十、酱烧二条

🌱主料：冬瓜70克、胡萝卜40克

🥣配料：花生油2克、干黄酱1.5克、酱
油0.5克、盐0.3克，料酒、淀
粉、葱姜末少许

🍲做法：

❶冬瓜、胡萝卜洗净，去皮、
瓤，切成条状，备用。

❷锅入花生油，下葱姜末、干黄
酱煸出香味，加入水，倒入冬瓜条、胡
萝卜条，大火烧开，加酱油、盐、料酒
调味，焖煮15分钟，淀粉勾芡，出锅即可。

十一、松子生菜鸡丁

🌱 主料：生菜30克、鸡胸肉25克、香菇2克、松子仁2克

🍲 配料：花生油3克、葱2克、盐0.3克，白胡椒粉、料酒、藤椒油、淀粉、姜末少许

🍳 做法：

❶ 鸡胸肉、香菇洗净，切丁；生菜洗净，切小块；葱洗净，切末；鸡胸肉加盐、料酒、淀粉腌制。

❷ 锅入花生油，爆香葱姜末，加入鸡肉丁、香菇丁、生菜翻炒均匀，加入盐、白胡椒粉，淋入藤椒油调味，撒上松子仁翻炒，出锅即可。

十二、南亚风情虾

🌱 主料：虾仁25克、黄瓜25克、猕猴桃5克、火龙果2克、菠萝2克

🍲 配料：花生油3克、盐0.3克，淀粉、料酒、白糖、葱姜末少许

🍳 做法：

❶ 虾仁去虾线，洗净，焯水；黄瓜洗净，切菱形块，焯水；猕猴桃、火龙果、菠萝洗净，去皮，切块，备用。

❷ 锅入花生油，爆香葱姜末，放入虾仁，淋入料酒，再加入黄瓜块、猕猴桃块、火龙果块、菠萝块翻炒，加盐、白糖调味，淀粉勾芡，出锅、装盘即可。

十三、荔枝肉

🌱 主料：番茄50克、猪肉30克、荔枝2克

🥢 配料：花生油2克、盐0.3克，料酒、淀粉、香茅草、葱姜末少许

🍲 做法：

❶ 猪肉洗净，切块，焯水；番茄洗净，切块；荔枝洗净，去皮，备用。

❷ 锅入花生油，爆香葱姜末，放入切好的猪肉块翻炒，加水，加盐、料酒、香茅草调味，转小火焖1小时，倒入番茄块、荔枝翻炒，大火收汁，淀粉勾芡，出锅、装盘即可。

十四、蛋香萝卜条

🌱 主料：白萝卜75克、鸡蛋20克

🥢 配料：葵花子油2克、盐0.3克，胡椒粉、番茄酱少许

🍲 做法：

❶ 白萝卜去皮，切条，焯水，备用。

❷ 鸡蛋打散，容器中加入蛋液、水、盐、胡椒粉，搅成糊状。

❸ 锅入葵花子油，将白萝卜条沾满蛋糊，放入油锅中，炸至金黄色，出锅、装盘，备好番茄酱即可。

十五、八宝鱼丁

主料：鳕鱼25克、胡萝卜25克、扇贝10克、玉米粒5克、鲜豌豆5克、火腿5克、虾仁5克、黄瓜3克

配料：花生油3克、盐0.3克，料酒、白胡椒粉、淀粉、高汤、葱姜末、葱姜水少许

做法：

❶ 鳕鱼洗净，切菱形块；虾仁去虾线，和扇贝一同洗净，分别加入盐、料酒、白胡椒粉、葱姜水腌制20分钟，拍入淀粉，入七成油锅滑出，备用。

❷ 胡萝卜、黄瓜洗净，切丁，火腿切丁，同鲜豌豆、玉米粒焯水，捞出，备用。

❸ 锅入花生油，煸香葱姜末，加入高汤，将鳕鱼块、虾仁、扇贝倒入锅中翻炒，加入胡萝卜丁、玉米粒、鲜豌豆、火腿丁、黄瓜丁翻炒，加盐调味，大火收汁，装盘即可。

第六节 汤

一、萝卜鸭血粉丝汤

- 主料：白萝卜10克、鸭血2克、粉丝1克
- 配料：盐0.2克，胡椒粉、葱姜丝、香菜少许
- 做法：

① 鸭血用清水洗净，泡洗两遍，切片；粉丝用水泡软，备用。

② 锅内清水烧开，放入鸭血、葱姜丝大火烧开，加入粉丝，加盐、胡椒粉调味，撒上香菜，出锅即可。

二、火腿银耳蛋汤

- 主料：银耳3克、火腿3克、鸡蛋3克
- 配料：盐0.2克，香菜、胡椒粉、淀粉、芝麻油少许
- 做法：

① 银耳泡发，撕成小块，洗净后，加入少许水、盐，上屉蒸30分钟；火腿切丁；鸡蛋打散；香菜洗净，切碎，备用。

② 锅中加水烧开，放入银耳块、火腿丁，淋入蛋液，加盐、胡椒粉调味，淀粉勾芡，撒香菜碎、淋芝麻油，出锅即可。

三、菌菇豆腐汤

🌾 主料：豆腐10克、口蘑3克、香菇2克

🥣 配料：盐0.2克，香菜、芝麻油少许

🍲 做法：

❶豆腐洗净，切丁；口蘑、香菇洗净，切片，焯水；香菜择洗干净，切段，备用。

❷锅内清水烧开，倒入豆腐丁、香菇片、口蘑片，中火煮20分钟，加入盐、芝麻油调味，撒入香菜段，出锅即可。

四、丝瓜紫米蛋汤

🌾 主料：丝瓜15克、鸡蛋5克、紫米1.5克

🥣 配料：盐0.2克、芝麻油少许

🍲 做法：

❶丝瓜去皮，洗净，切片；鸡蛋打散；紫米浸泡1小时，备用。

❷锅入清水，加入紫米煮20分钟，入丝瓜片，淋入蛋液，加盐、芝麻油调味，出锅即可。

❀ 第七节 蛋 糕 ❀

一、核桃蛋糕

主料：低筋面粉25克、鸡蛋10克、核桃仁8克、牛奶5克

配料：白糖0.5克、黄油0.5克、花生油少许

做法：

① 将鸡蛋、白糖、黄油一同放入打蛋器，高速打20分钟，使液体发白。在蛋液中加入牛奶，低速打5分钟后，加入低筋面粉，搅匀成面糊；核桃仁洗净，切碎，备用。

② 烤盘底部刷一层花生油，铺蛋糕纸，再刷花生油，将面糊均匀地倒入烤盘，上烤箱上火180℃、底火200℃，烤制20分钟后拿出，刷花生油，撒上切碎的核桃仁再入烤箱，烤5分钟即可。

二、巧克力蛋糕

主料：低筋面粉20克、牛奶5克、鸡蛋5克、可可粉2克

配料：白糖0.5克、黄油0.5克、花生油少许

做法：

① 鸡蛋打散，与白糖、黄油一同放入打蛋器，高速打发20分钟，使液体发白。在蛋液中加入牛奶、可可粉，低速打5分钟，加入低筋面粉，搅匀，和成面糊，备用。

② 烤盘刷一层花生油，铺蛋糕纸，再刷一层花生油，将面糊均匀地倒入烤盘，上烤箱上火180℃、底火200℃，烤制20分钟后，在烤好的蛋糕上再刷一层花生油，再入烤箱烤制5分钟即可。

三、蔓越莓蛋糕

主料：低筋面粉20克、鸡蛋5克、牛奶5克

配料：蔓越莓干0.5克、白糖0.5克、黄油0.5克、花生油少许

做法：

❶ 将鸡蛋、白糖、黄油一同放入打蛋器，高速打发20分钟，使液体发白。在蛋液中加入牛奶，低速打发5分钟，加入低筋面粉，搅匀，和成面糊，备用。

❷ 烤盘底部刷一层花生油，铺蛋糕纸，再刷一层花生油。将面糊均匀地倒入烤盘，上烤箱上火180℃、底火200℃，烤制20分钟后，在烤好的蛋糕上再刷一层花生油。

❸ 将蔓越莓干用刀切碎，均匀地撒在蛋糕上，再烤制5分钟即可。

四、草莓蛋糕

主料：低筋面粉25克、鸡蛋10克、牛奶5克

配料：草莓0.5克、黄油0.5克、白糖0.5克、花生油少许

做法：

❶ 将鸡蛋、白糖、黄油一同放入打蛋器，高速打发20分钟，使蛋液发白。加入牛奶，再低速打发5分钟，加入低筋面粉，搅匀，和成面糊；草莓洗净，切成小丁，备用。

❷ 烤盘底部刷一层花生油，铺蛋糕纸，再刷一层花生油，将面糊均匀地倒入烤盘，上烤箱上火180℃、下火200℃，烤制20分钟后，在烤好的蛋糕上再刷一层花生油，均匀地撒上草莓丁，再入烤箱烤制5分钟，即可。

夏季第 1 周食谱

	星期一（Mon）		星期二（Tue）		
	食　谱	带量／人	食　谱	带量／人	食　谱
早餐	果酱包	小麦面粉（标准粉）20克，牛乳5毫升，草莓酱4克，干酵母0.2克	葡萄干蛋糕	小麦面粉（富强粉）20克，红皮鸡蛋5克，牛乳5毫升，黄油2克，葡萄干0.5克	核桃蛋糕
	紫米粥	稻米7克，紫米5克	鲜牛奶	牛乳250毫升	菜粥
	什锦时蔬炒蛋	红皮鸡蛋10克，青椒10克，彩椒5克，色拉油2克，火腿肠2克，精盐0.2克	蜜汁话梅芸豆	白芸豆10克，乌梅5克，蜂蜜2克	秘制鸡肝
加餐	鲜牛奶	牛乳250毫升	黄豆豆浆	黄豆15克	酸奶
	星星饼干	饼干5克	拇指饼干	饼干5克	月亮饼干
午餐	豆米饭	稻米40克，绿豆2克	鲜豆焖饭	稻米35克，豌豆（带荚）2克，胡萝卜1克，鲜玉米1克	菠萝米饭
	红烧排骨胡萝卜	胡萝卜50克，猪小排35克，花生油2克，酱油1克，绵白糖1克，精盐0.3克	葱香鸡翅	大葱25克，鸡翅20克，花生油2克，黑芝麻0.5克，精盐0.3克	虾仁小白菜
	豆干炒油菜	油菜100克，豆腐干10克，花生油2克，精盐0.3克	蒜苗炒鸡蛋	蒜苗100克，红皮鸡蛋30克，色拉油2克，精盐0.3克	粒粒皆辛苦
	豆苗蛋汤	豌豆苗10克，红皮鸡蛋5克，精盐0.2克	萝卜鸭血粉丝汤	白萝卜10克，鸭血2克，粉丝1克，精盐0.2克	鸡毛菜蛋汤
午点	西瓜	西瓜200克	桃	桃200克	黄金瓜
	酸奶	酸奶100毫升	酸奶	酸奶100毫升	鲜牛奶
晚餐	韭菜蛋龙	小麦面粉（富强粉）40克，韭菜15克，红皮鸡蛋5克	紫菜卷	小麦面粉(标准粉)45克，牛乳5毫升，干紫菜2克	炸酱面
	糖醋带鱼	带鱼25克，花生油4克，绵白糖3克，醋2克，酱油2克，精盐0.3克	国色天香虾	海虾35克，大葱10克，绵白糖5克，花生油3克，精盐0.5克，姜0.5克	胡萝卜码
	鸡蛋扇贝炒菜心	油菜心100克，红皮鸡蛋10克，鲜扇贝10克，花生油3克，淀粉2克，精盐0.3克	蚝油生菜	生菜130克，花生油3克，蚝油2克，精盐0.3克	绿豆芽码
			青菠粥	稻米10克，菠菜10克	
	小人参粥	胡萝卜10克，稻米8克			

三（Wed）	星期四（Thu）		星期五（Fri）	
带量／人	食　谱	带量／人	食　谱	带量／人
小麦面粉（标准粉）25 克，红皮鸡蛋 10 克，核桃仁 8 克，牛乳 5 毫升，黄油 0.5 克	香葱花卷	小麦面粉（标准粉）20 克，细香葱 5 克，牛乳 5 毫升	小笼包	小麦面粉（标准粉）20 克，猪肉（肥瘦）15 克，大葱 10 克，干酵母 0.2 克
稻米 10 克，油菜 10 克，精盐 0.2 克	鲜牛奶	牛乳 250 毫升	江米葡萄干粥	糯米 6 克，葡萄干 0.5 克
鸡肝 20 克，细香葱 5 克，酱油 2 克，黑芝麻 0.5 克，绵白糖 0.5 克	茶鸡蛋	红皮鸡蛋 30 克，花茶 1 克，精盐 0.5 克	煮毛豆	毛豆 20 克，精盐 0.2 克
酸奶 100 毫升	黑豆豆浆	黑豆 15 克	鲜牛奶	牛乳 250 毫升
饼干 5 克	小熊饼干	饼干 5 克	小兔饼干	饼干 5 克
稻米 35 克，菠萝 5 克	葡萄干米饭	稻米 40 克，葡萄干 2 克	鸡丝米饭	稻米 35 克，鸡胸肉 5 克
小白菜 80 克，虾仁 20 克，花生油 2 克，精盐 0.3 克	洋葱牛肉丝	洋葱 50 克，胡萝卜 30 克，牛肉（肥瘦）25 克，花生油 2 克，干黑木耳 1 克，黑芝麻 1 克，精盐 0.3 克	冬瓜虾仁汆丸子	冬瓜 25 克，猪肉（瘦）25 克，香菜 10 克，红皮鸡蛋 5 克，虾仁 5 克，花生油 2 克，精盐 0.3 克
胡萝卜 30 克，香菇 15 克，鸡胸肉 5 克，鲜玉米 10 克，鲜花生 5 克，花生油 3 克，生松子 1 克，淀粉 1 克，精盐 0.3 克	菠菜粉丝	菠菜 90 克，粉丝 3 克，花生油 2 克，精盐 0.3 克	木耳青椒胡萝卜	青椒 70 克，胡萝卜 30 克，泡发黑木耳 5 克，花生油 2 克，精盐 0.3 克
鸡毛菜 10 克，红皮鸡蛋 5 克，精盐 0.2 克	虾皮白菜汤	大白菜 10 克，虾皮 3 克，精盐 0.2 克	番茄蛋汤	番茄 5 克，红皮鸡蛋 5 克，精盐 0.2 克
黄金瓜 200 克	菠萝	菠萝 200 克	荔枝	荔枝 200 克
牛乳 250 毫升	酸奶	酸奶 100 毫升	酸奶	酸奶 100 毫升
面条 50 克，猪肉（肥瘦）20 克，大葱 10 克，花生油 6 克，白皮鸡蛋 5 克，黄酱 5 克，豆腐干 2 克，干黑木耳 2 克	黑芝麻卷	小麦面粉（标准粉）40 克，牛乳 5 毫升，黑芝麻 0.5 克，精盐 0.5 克，干酵母 0.35 克	咖喱牛肉饭	胡萝卜 40 克，马铃薯 40 克，稻米 40 克，洋葱 20 克，咖喱粉 15 克，苹果 15 克，牛肉（肥瘦）15 克，花生油 3 克，精盐 0.3 克
胡萝卜 60 克	肉炒鲜蘑	鲜蘑菇 40 克，猪肉（肥瘦）15 克，花生油 3 克，精盐 0.3 克	蛋蓉玉米羹	鲜玉米 6 克，白皮鸡蛋 5 克，淀粉 0.5 克
绿豆芽 60 克	素炒油麦菜	油麦菜 100 克，花生油 2 克，精盐 0.3 克		
	绿豆粥	稻米 10 克，绿豆 3 克，绵白糖 1 克		

夏季第 2 周食谱

		星期一（Mon）		星期二（Tue）		
		食　谱	带量／人	食　谱	带量／人	食　谱
早餐		三色芝麻花卷	小麦面粉（富强粉）20 克，火腿 3 克，白芝麻 1 克，黑芝麻 1 克	巧克力蛋糕	小麦面粉（标准粉）20 克，红皮鸡蛋 5 克，牛乳 5 毫升，可可粉 2 克，绵白糖 0.5 克，黄油 0.5 克	咸芝麻酱蒸饼
		绿豆大米粥	稻米 8 克，绿豆 2 克，绵白糖 0.5 克	鲜牛奶	牛乳 250 毫升	香米小米粥
		卤鸡蛋	红皮鸡蛋 30 克，酱油 1 克，精盐 0.2 克	花生藕丁素什锦	藕 10 克，鲜花生 2 克，烤麸 2 克，干黑木耳 1 克，花生油 1 克，精盐 0.2 克	酱猪肝
加餐		鲜牛奶	牛乳 250 毫升	黑豆豆浆	黑豆 15 克	酸奶
		小鸟饼干	饼干 5 克	小鱼饼干	饼干 5 克	小马饼干
午餐		红豆米饭	稻米 40 克，红豆 1 克	绿豆米饭	稻米 40 克，绿豆 1 克	美味锅贴
		农家三样爆肉丁	胡萝卜 20 克，马铃薯 20 克，猪肉（肥瘦）20 克，甜椒 15 克，花生油 3 克，精盐 0.3 克	隔山酥肉	大白菜 60 克，猪肉（瘦）30 克，泡发黑木耳 5 克，花生油 2 克，精盐 0.3 克	
		香菇菜心	油菜心 80 克，花生油 2 克，干香菇 2 克，精盐 0.3 克	黄瓜炒鸡蛋	黄瓜 50 克，红皮鸡蛋 15 克，花生油 4 克，精盐 0.3 克	香菜萝卜汤
		鸡毛菜蛋汤	鸡毛菜 10 克，红皮鸡蛋 5 克，精盐 0.2 克	白菜香菜汤	大白菜 10 克，香菜 5 克，精盐 0.2 克	
午点		黄金瓜	黄金瓜 200 克	桃	桃 200 克	西瓜
		酸奶	酸奶 100 毫升	酸奶	酸奶 100 毫升	鲜牛奶
晚餐		糖三角	小麦面粉（标准粉）40 克，红糖 5 克，牛乳 5 毫升，黑芝麻 0.5 克	银丝卷	小麦面粉（标准粉）40 克，白皮鸡蛋 5 克	蘑菇焗饭
		青椒翅中	青椒 30 克，鸡翅 20 克，胡萝卜 10 克，干黑木耳 2 克，花生油 2 克，精盐 0.3 克	蟹肉棒圆白菜	圆白菜 25 克，紫甘蓝 20 克，蟹肉棒 15 克，花生油 2 克，精盐 0.3 克	肉末小白菜
		芹菜豆干	芹菜茎 90 克，豆腐干 20 克，花生油 2 克，精盐 0.3 克	酸甜莴笋丝	莴笋 80 克，胡萝卜 10 克，彩椒 5 克，花生油 4 克，醋 3 克，绵白糖 2 克，精盐 0.3 克	荟萃五彩丝
		薏米绿豆粥	稻米 5 克，薏米 2 克，绿豆 1 克	江米葡萄干粥	糯米 10 克，葡萄干 2 克	豆苗蛋汤

期三（Wed）	星期四（Thu）		星期五（Fri）	
带量／人	食　谱	带量／人	食　谱	带量／人
小麦面粉（标准粉）25克，芝麻酱6克，白皮鸡蛋5克，牛乳毫升，精盐0.5克 香米8克，小米5克，绵白糖克 猪肝25克，酱油2克	小热狗 鲜牛奶 胡萝卜腐竹	小麦面粉（标准粉）20克，火腿肠5克，白皮鸡蛋5克，黑芝麻0.5克 牛乳250毫升 胡萝卜15克，腐竹2克，花生油1.5克，精盐0.2克	芝麻枣糕 百合绿豆粥 虾米丝瓜条	小麦面粉（标准粉）20克，牛乳5毫升，白皮鸡蛋5克，干枣1克，绵白糖1克，白芝麻0.5克 稻米7克，绿豆1克，干百合1克 丝瓜30克，虾米5克，花生油2克，精盐0.2克
酸奶100毫升 饼干5克	黄豆豆浆 花朵饼干	黄豆15克 饼干5克	鲜牛奶 数字饼干	牛乳250毫升 饼干5克
大白菜85克，小麦面粉（标准粉）40克，韭菜35克，猪肉（肥瘦）5克，白皮鸡蛋10克，虾仁10克，花生油2克，芝麻油0.5克，精盐0.3克 白萝卜5克,香菜3克,精盐0.2克	红薯米饭 太阳肉 素炒什锦菜 虾皮紫菜黄瓜汤	稻米40克，红薯5克 猪肉（瘦）25克，鹌鹑蛋20克，花生油2克，精盐0.3克 莴笋60克，青椒25克，胡萝卜20克，马铃薯15克，花生油2克，精盐0.3克 黄瓜10克，虾皮2克，干紫菜0.5克，精盐0.3克	什锦米饭 蜜汁排骨 爆炒空心菜 火腿银耳蛋汤	稻米40克，胡萝卜2克，虾仁2克，青豆1克，香菇1克，干玉米1克 猪小排25克，蜂蜜3克，大葱2克，花生油1.5克，姜1克，大蒜1克，酱油1克，冰糖1克，精盐0.3克 空心菜100克，花生油2克，精盐0.3克 银耳3克，红皮鸡蛋3克，火腿3克，精盐0.2克
西瓜200克 牛乳250毫升	苹果 酸奶	苹果200克 酸奶100毫升	香蕉 酸奶	香蕉200克 酸奶100毫升
稻米40克，口蘑8克，奶酪5克，香菇2克，花生油1.5克 小白菜70克，猪肉（肥瘦）15克，花生油2克，精盐0.3克 胡萝卜20克，彩椒20克，玉兰片10克，青椒5克，干黑木耳克，花生油2克，精盐0.3克 豌豆苗15克，红皮鸡蛋5克，精盐0.2克	枣合页 奇异果虾仁烩豆腐 酱烧二条 香芹百合粥	小麦面粉（富强粉）40克，白皮鸡蛋5克，牛乳5毫升，干枣1克 虾仁25克，北豆腐15克，猕猴桃10克，花生油2克，精盐0.3克 冬瓜70克，胡萝卜40克，花生油2克，黄酱1.5克，酱油0.5克，精盐0.3克 稻米8克，干百合5克，芹菜茎5克，红豆1克	花素猫耳朵 西湖牛肉羹	黄瓜60克，胡萝卜55克，小麦面粉（标准粉）50克，白皮鸡蛋15克，金针菇10克，彩椒5克，青椒5克，花生油4克，干香菇2克，酱油2克，豆腐干2克，豆瓣酱1克，精盐0.5克，芝麻油0.5克 红皮鸡蛋10克,牛肉（肥瘦）10克，淀粉1克，精盐0.2克

夏季第 3 周食谱

	星期一（Mon）		星期二（Tue）		
	食　谱	带量／人	食　谱	带量／人	食　谱
早餐	小笼包	小麦面粉（标准粉）20 克，猪肉（肥瘦）10 克，大葱 5 克，牛乳 5 毫升，精盐 0.2 克	蔓越莓蛋糕	小麦面粉（标准粉）20 克，红皮鸡蛋 5 克，牛乳 5 毫升，绵白糖 0.5 克，黄油 0.5 克，蔓越莓果脯 0.5 克	莲花卷
	薏仁绿豆粥	稻米 6 克，薏米 3 克，绿豆 0.5 克	鲜牛奶	牛乳 250 毫升	桃仁紫米粥
	芝麻八宝菜	芥菜头 15 克，芹菜茎 3 克，藕 2 克，胡萝卜 2 克，绵白糖 2 克，白芝麻 1 克，豌豆 1 克，鲜花生 0.5 克，熟葵花子 0.2 克，精盐 0.2 克	卤鸡肝	鸡肝 15 克，大葱 2 克，酱油 2 克，精盐 0.2 克	卤鹌鹑蛋
加餐	鲜牛奶	牛乳 250 毫升	黑豆豆浆	黑豆 15 克	酸奶
	星星饼干	饼干 5 克	拇指饼干	饼干 5 克	月亮饼干
午餐	紫米饭	稻米 40 克，紫米 5 克	豌豆米饭	稻米 40 克，豌豆（带荚）5 克	三鲜烧麦
	鱼香肉丝	胡萝卜 50 克，青椒 30 克，猪肉（肥瘦）25 克，花生油 2 克，绵白糖 1 克	番茄牛腩	番茄 50 克，牛胸肉 25 克，番茄酱 2 克，花生油 2 克，绵白糖 1 克，酱油 1 克，精盐 0.3 克	
	木耳奶白菜	奶白菜 60 克，干黑木耳 5 克，花生油 2 克，精盐 0.3 克	鸡蛋炒芹菜	芹菜茎 80 克，红皮鸡蛋 15 克，花生油 2 克，精盐 0.3 克	炝炒茼蒿
	番茄鸡蛋汤	番茄 10 克，红皮鸡蛋 5 克，精盐 0.2 克	萝卜粉丝汤	白萝卜 10 克，粉丝 2 克	花生莲子粥
午点	白兰瓜	白兰瓜 200 克	苹果	苹果 200 克	哈密瓜
	酸奶	酸奶 100 毫升	酸奶	酸奶 100 毫升	鲜牛奶
晚餐	鲜奶棉桃	小麦面粉（标准粉）35 克，白皮鸡蛋 5 克，牛乳 5 毫升，猪油 3 克，绵白糖 2 克	椒盐千层饼	小麦面粉（标准粉）40 克，牛乳 5 毫升，精盐 0.5 克，花椒 0.5 克	玉米饭
					肉烧茄子
	松子生菜鸡丁	生菜 30 克，鸡胸肉 25 克，白皮鸡蛋 5 克，生松子 2 克，干香菇 2 克，花生油 2 克，大葱 2 克，精盐 0.3 克	南亚风情虾	虾仁 25 克，黄瓜 25 克，猕猴桃 5 克，花生油 3 克，火龙果 2 克，菠萝 2 克，精盐 0.3 克	海米油菜
	虾皮西葫芦	西葫芦 60 克，花生油 2 克，虾皮 2 克，精盐 0.3 克	木须菜	菠菜 85 克，白皮鸡蛋 15 克，金针菜 10 克，干黑木耳 3 克，花生油 2 克，精盐 0.3 克	菌蘑豆腐汤
	红豆米粥	稻米 10 克，红豆 5 克	大米青菜粥	稻米 10 克，菠菜 10 克	

期三（Wed）带量／人	食谱（Thu）	星期四（Thu）带量／人	食谱（Fri）	星期五（Fri）带量／人
小麦面粉（标准粉）30克，[腐]乳5克，牛乳5毫升	香酥玉米饼	小麦面粉（标准粉）15克，鸡蛋10克，玉米面5克，花生油1克	麻酱糖花卷	小麦面粉（富强粉）20克，芝麻酱2克，绵白糖1克
稻米8克，紫米5克，干核桃[]克，干枣1.5克，绵白糖1克	鲜牛奶	牛乳250毫升	绿豆粥	稻米8克，绿豆5克
鹌鹑蛋30克，酱油2克，精[盐]0.2克	芝麻胡萝卜笋丝	胡萝卜15克，竹笋5克，花生油2克，黑芝麻0.5克，精盐0.2克	葱花炒鸡蛋	红皮鸡蛋30克，大葱10克，花生油1克，精盐0.2克
酸奶100毫升	黄豆豆浆	黄豆15克	鲜牛奶	牛乳250毫升
饼干5克	小熊饼干	饼干5克	小兔饼干	饼干5克
韭菜40克，小麦面粉（标准粉）[]克，猪肉(瘦)20克，虾仁10克，[红]皮鸡蛋10克，鲜玉米3克，[花]生油0.5克，精盐0.3克	金银饭	稻米35克，玉米糁5克	花生米饭	稻米40克，鲜花生5克
茼蒿90克，花生油2克，精[盐]0.3克	酱爆肉丁	胡萝卜30克，黄瓜30克，猪肉(瘦)25克，黄酱3克，花生油2克	排骨冬瓜	冬瓜50克，猪小排35克，花生油2克，精盐0.3克
稻米5克，干莲子3克，生花[生]仁2克	蒜蓉西蓝花	西蓝花60克，花生油2克，大蒜2克，精盐0.3克	青蒜豆腐	青蒜60克，北豆腐20克，花生油2克，精盐0.3克
	豆苗蛋汤	豌豆苗10克，红皮鸡蛋5克，精盐0.2克	黄瓜鸡蛋汤	黄瓜5克，红皮鸡蛋5克，精盐0.2克
哈密瓜200克	荔枝	荔枝200克	西瓜	西瓜200克
牛乳250毫升	酸奶	酸奶100毫升	酸奶	酸奶100毫升
稻米40克，鲜玉米5克	小豆包	小麦面粉（标准粉）40克，豆沙8克，牛乳5毫升	彩丝肉饼	芹菜茎60克，苤蓝40克，小麦面粉（标准粉）40克，猪肉(肥瘦)30克，香菜20克，胡萝卜20克，彩椒10克，芝麻油1克，黑芝麻1克，精盐0.5克
茄子30克，猪肉（肥瘦）30克，[番]茄20克，花生油2克，精盐0.3[克]	烩三鲜	鳕鱼20克，虾仁10克，鲜扇贝10克，花生油2克，精盐0.3克		
油菜80克，虾米3克，花生[油]2克	两吃韭黄	韭黄125克，红皮鸡蛋20克，花生油2克，精盐0.3克	金针菇素菜羹	菠菜15克，金针菇10克，玉米5克，淀粉1克
北豆腐10克，口蘑3克，香[菇]2克，精盐0.2克	糯米绿豆粥	糯米8克，绿豆5克		

夏季第 4 周食谱

		星期一（Mon）		星期二（Tue）		
		食　谱	带量／人	食　谱	带量／人	食　谱
早餐		双色甜发糕	紫米粉 10 克，小麦面粉（标准粉）10 克，白皮鸡蛋 5 克，绵白糖 0.5 克，干酵母 0.2 克	草莓蛋糕	小麦面粉（标准粉）25 克，白皮鸡蛋 10 克，牛乳 5 毫升，草莓 0.5 克，绵白糖 0.5 克，黄油 0.5 克	提子奶馒头
		薄荷粥	稻米 10 克，干薄荷 0.5 克，绵白糖 0.5 克	鲜牛奶	牛乳 250 毫升	菊花绿豆粥
		荷包蛋	白皮鸡蛋 25 克，花生油 3 克，精盐 0.5 克，黑芝麻 0.5 克	双色土豆泥	马铃薯 10 克，草莓酱 1 克	煮鸡蛋
加餐		鲜牛奶	牛乳 250 毫升	黄豆豆浆	黄豆 15 克	酸奶
		小鸟饼干	饼干 5 克	小鱼饼干	饼干 5 克	小马饼干
午餐		豆香糯米饭	稻米 30 克，糯米 10 克，豌豆（带荚）5 克	香米饭	香米 40 克	五彩豆饭
		肉片炒莴笋	莴笋 80 克，猪肉（后臀尖）30 克，花生油 3 克，精盐 0.5 克	清香排骨	猪小排 35 克，豌豆（带荚）5 克，大葱 5 克，花生油 4 克，精盐 1 克	熘肝尖
		蒜香茄子	茄子 100 克，大蒜 10 克，花生油 3 克，精盐 0.5 克	番茄菜花	菜花 75 克，番茄 30 克，花生油 5 克，番茄酱 1 克，精盐 0.5 克	菠菜炒鸡蛋
		木耳菜蛋汤	木耳菜 10 克，红皮鸡蛋 5 克，芝麻油 0.5 克，精盐 0.2 克	丝瓜紫米鸡蛋汤	丝瓜 15 克，白皮鸡蛋 5 克，紫米 1.5 克，精盐 0.2 克	香菜紫菜汤
午点		黄金瓜	黄金瓜 200 克	桃	桃 200 克	白兰瓜
		酸奶	酸奶 100 毫升	酸奶	酸奶 100 毫升	鲜牛奶
晚餐		红豆糕	小麦面粉（富强粉）20 克，玉米面 20 克，红豆沙 5 克，绵白糖 0.5 克，干酵母 0.4 克	小猪糖包	小麦面粉（标准粉）40 克，红糖 3 克，干酵母 0.4 克	鸳鸯水饺
		酱爆鸡丁	黄瓜 30 克，鸡胸肉 25 克，胡萝卜 20 克，花生油 4 克，黄酱 1 克，精盐 0.3 克	菠萝咕咾虾	海虾 25 克，胡萝卜 20 克，彩椒 20 克，菠萝 5 克，色拉油 4 克，小麦面粉（标准粉）2 克，精盐 0.3 克	状元粥
		豉香圆白菜四季豆	四季豆 45 克，圆白菜 30 克，色拉油 5 克，五香豆豉 1 克，精盐 0.3 克	青椒里脊丝	青椒 80 克，猪肉（里脊）10 克，花生油 5 克，精盐 0.3 克	
		什锦果仁粥	稻米 4 克，糯米 2 克，干核桃 1 克，腰果 1 克，葡萄干 0.5 克	玉米面红薯粥	玉米面 10 克，红薯 5 克	

星期三（Wed）		星期四（Thu）		星期五（Fri）	
带量／人	食 谱	带量／人	食 谱	带量／人	
小麦面粉（标准粉）25克，全脂奶粉5克，葡萄干4克，绵白糖1克，干酵母0.4克	香葱火腿卷	小麦面粉（标准粉）25克，火腿5克，小葱5克，白皮鸡蛋5克，干酵母0.4克	糖火烧	小麦面粉（标准粉）25克，芝麻酱5克，红糖1克，白芝麻1克	
稻米10克，菊花1克，绿豆1克	鲜牛奶	牛乳250毫升	胡萝卜粥	稻米10克，胡萝卜5克，精盐0.5克	
红皮鸡蛋30克	五香豆腐丝	豆腐干20克，胡萝卜2克，大葱1克，香菜1克，芝麻油1克，精盐1克	素炒什锦丁	胡萝卜10克，青椒5克，鲜玉米5克，豌豆（带荚）5克，花生油2克，精盐0.5克	
酸奶100毫升	黑豆豆浆	黑豆15克	鲜牛奶	牛乳250毫升	
饼干5克	花朵饼干	饼干5克	数字饼干	饼干5克	
稻米40克，黄豆1克，红豆1克，绿豆1克，豌豆1克	菠萝米饭	稻米40克，菠萝5克	南瓜仁饭	稻米40克，南瓜子仁2克	
猪肝25克，黄瓜20克，胡萝卜15克，玉兰片5克，花生油2克，泡发黑木耳1克，精盐0.5克	荔枝肉	番茄50克，猪肉（后臀尖）30克，荔枝2克，花生油2克，精盐0.3克	八宝鱼丁	鳕鱼25克，胡萝卜25克，鲜扇贝10克，虾仁5克，火腿5克，鲜玉米5克，豌豆（带荚）5克，黄瓜3克，花生油3克，精盐0.3克	
菠菜85克，红皮鸡蛋15克，花生油3克	蛋香萝卜条	白萝卜75克，红皮鸡蛋20克，葵花子油2克，精盐0.3克	香菇炒油菜	油菜100克，干香菇10克，花生油3克，精盐0.3克	
香菜10克，干紫菜2克，精盐0.2克	虾皮白菜汤	大白菜10克，虾皮3克，精盐0.2克	豆苗蛋汤	豌豆苗15克，红皮鸡蛋5克，精盐0.2克	
白兰瓜200克	西瓜	西瓜200克	苹果	苹果200克	
牛乳250毫升	酸奶	酸奶100毫升	酸奶	酸奶100毫升	
小麦面粉（标准粉）40克，小白菜30克，胡萝卜25克，猪肉（后臀尖）25克，芹菜茎25克，菠菜25克，韭菜10克，虾皮1克，芝麻油1克，精盐0.3克	枣饼	小麦面粉（富强粉）40克，干枣1克，干酵母0.4克	一品素包	绿豆芽40克，菠菜40克，小麦面粉（标准粉）30克，香菇5克，芝麻油3克，粉丝2克，干黑木耳1克，精盐0.3克	
	糖醋平鱼	平鱼30克，花生油2克，绵白糖1克，精盐0.3克			
稻米10克，生花生仁1克，黑芝麻1克，干核桃1克，绵白糖0.5克	素鸡白菜	大白菜120克，油豆腐15克，花生油4克，精盐0.3克	鸡肉馄饨	鸡胸肉30克，小麦面粉（标准粉）10克，芝麻油3克，香菜2克，大葱2克，虾皮1.5克，芝麻油1克，干紫菜0.5克，精盐0.3克	
	小人参粥	稻米10克，胡萝卜5克，黄豆1克			

第三章
秋季篇

一、麻酱千层糕

主料： 低筋面粉25克

配料： 芝麻酱5克，红糖、酵母少许

做法：

① 低筋面粉中加入酵母，用温水和成面团，醒发30分钟。

② 芝麻酱搅拌均匀，备用。

③ 将面团擀成圆片，均匀涂抹芝麻酱，撒上红糖，卷起、擀开，反复叠3次，放入蒸箱蒸制25分钟，切块即可。

二、麻酱马蹄卷

主料： 中筋面粉35克

配料： 芝麻酱3克、红糖1克、酵母少许

做法：

① 中筋面粉中加入酵母，用温水和成面团，醒发30分钟。

② 芝麻酱搅拌均匀，备用。

③ 将面团擀成圆片，将调好的芝麻酱均匀地抹在上面，撒上适量的红糖，卷成长条，切小段，醒发5分钟，放入蒸箱蒸制25分钟，即可。

三、黑白麻蓉包

🌱 主料：面粉25克

🥣 配料：黑芝麻2克、白芝麻2克、红糖2克，酵
母、花生油少许

🍲 做法：

❶ 面粉中加入酵母、温水，和成面团。

❷ 将黑、白芝麻洗净、炒熟、碾碎，加入
红糖、花生油调成芝麻馅。

❸ 将面团揪成大小均匀的剂子，压扁后，包
入芝麻馅，团圆，上蒸箱醒发5分钟，开火蒸制
25分钟即可。

四、棒棒糖卷

🌱 主料：中筋面粉20克

🥣 配料：菠菜5克、南瓜5克、番茄5克、酵母少许

🍲 做法：

❶ 将菠菜、番茄洗净，榨汁；南瓜蒸熟，
捣成泥，备用。

❷ 中筋面粉分成三份，分别加入菠菜汁、
番茄汁、南瓜泥，与酵母、温水和成面团，
醒发30分钟。

❸ 将三份面团分别擀成面饼，三层面饼叠
放卷起，切成均匀的厚片，插入小棒，醒发5分
钟，放入蒸箱，蒸制25分钟即可。

五、田园披萨

- 🌱 **主料**：面粉40克、鸡蛋35克、玉米粒10克、芝士奶酪8克
- 🥣 **配料**：胡萝卜5克、甜椒5克、香菇5克、培根5克、番茄酱2克，酵母、花生油少许
- 🍲 **做法**：

　❶ 胡萝卜洗净，去皮，甜椒、香菇洗净，和培根一同切丁；鸡蛋打散；面粉加入酵母、温水、蛋液，和成面团，醒发30分钟。

　❷ 面团擀成饼，置于披萨盘中造型，盘底抹上花生油，饼上戳上小洞。

　❸ 在饼上均匀地铺上一层芝士奶酪，放入预热的烤箱中烤5分钟，拿出披萨，上面抹上番茄酱，再依次铺上胡萝卜丁、甜椒丁、香菇丁、培根丁，最后在上面铺上芝士奶酪，放入预热的烤箱200℃，烤制12分钟即可。

六、双色球

- 🌱 **主料**：中筋面粉30克、胡萝卜25克、菠菜15克
- 🥣 **配料**：酵母少许
- 🍲 **做法**：

　❶ 胡萝卜、菠菜洗净，榨汁，分别加入中筋面粉、酵母，和成面团，醒发30分钟。

　❷ 将两种颜色的面团分别搓成长条，揪成大小一致的剂子，将剂子搓成圆形，醒发5分钟，放入蒸箱，蒸25分钟即可。

七、刺猬包

🌾 主料：面粉25克、红糖5克

🍲 配料：黑芝麻、酵母少许

🍳 做法：

1️⃣ 面粉加入酵母、温水，和成面团，醒发30分钟。

2️⃣ 将面团搓成长条状，揪成若干个小剂子，压扁，包入红糖，做成像刺猬一样一头尖的形状，用剪刀剪出一根根的小刺，用黑芝麻做眼睛，放入蒸箱，醒发5分钟，开火蒸25分钟即可。

八、小枣鸡心卷

🌾 主料：小麦面粉25克

🍲 配料：枣2克、酵母少许

🍳 做法：

1️⃣ 小麦面粉加入酵母、温水，和成面团，醒发30分钟。

2️⃣ 将面团揪成小剂子，搓成长条，两头对接成心形，中间压一颗枣，放入蒸箱，醒发10分钟，开火蒸25分钟即可。

九、青蛙馒头

🌾 主料：菠菜25克、中筋面粉20克

🍲 配料：圣女果0.5克，黑芝麻、酵母少许

🍳 做法：

1️⃣ 菠菜洗净，榨汁；圣女果洗净，切片，备用。

2️⃣ 菠菜汁中加入中筋面粉、酵母，和成面团，醒发30分钟。

3️⃣ 将面团分成均匀的面剂，取一面剂，揉成青蛙身体形状，眼睛黑芝麻点缀，嘴巴用刀划开一条口子，塞入一片圣女果，醒发5分钟，开火蒸25分钟即可。

十、金猪报喜

主料：富强粉20克、南瓜15克、圣女果10克

配料：黑芝麻、酵母少许

做法：

❶ 南瓜去皮，蒸熟，过筛；圣女果洗净，榨汁，备用。

❷ 富强粉分别加入南瓜、圣女果汁、酵母、温水，和成黄色的大面团和红色的小面团，醒发30分钟。

❸ 将黄色面团均匀地分成若干个面剂，取一面剂，搓成圆形，做猪的身体，取红色面团，捏成猪耳朵和猪鼻子的形状，再进行组合，最后拿牙签在猪鼻子上戳两个鼻孔，用黑芝麻做猪眼睛，放入蒸箱，醒发5分钟，开火蒸25分钟即可。

十一、菊花卷

主料：面粉30克、鸡蛋5克、火腿5克、奶粉5克

配料：花生油、酵母少许

做法：

❶ 鸡蛋打散；面粉中加入蛋液、奶粉、酵母、温水和成面团，醒发30分钟；火腿切末，备用。

❷ 将面团擀成面饼，上面抹少许花生油，撒上火腿末后卷起，切段，取两个切好的段，并排平放，用筷子夹紧，再用剪刀将边缘剪开，整理成菊花状，上锅醒发5分钟，开火蒸25分钟即可。

🌸 第二节 米 饭 🌸

一、核桃米饭

🥬 主料：大米35克

🥣 配料：核桃仁2克

🍲 做法：

核桃仁、大米洗净，放入容器中，搅拌均匀，加入适量的水，蒸40分钟即可。

二、黄豆彩丁饭

🥬 主料：大米35克

🥣 配料：黄豆1克、胡萝卜丁1克、豌豆1克

🍲 做法：

❶ 黄豆洗净，泡2小时。

❷ 大米洗净，放入容器中，加入黄豆、胡萝卜丁、豌豆搅拌均匀，加入适量的水，上锅蒸40分钟即可。

三、金笋米饭

主料：大米40克

配料：胡萝卜10克

做法：

❶ 胡萝卜洗净，去皮，切丁，备用。

❷ 大米洗净，加入胡萝卜丁、适量的水，上锅蒸
40分钟即可。

四、玉珠米饭

主料：大米40克

配料：青豆5克

做法：

❶ 青豆洗净，备用。

❷ 大米洗净，加入青豆和适量的水，上锅蒸40分钟
即可。

五、梨子糯米饭

主料：大米35克

配料：糯米5克、梨5克

做法：

❶ 梨去皮、去核，切丁，备用。

❷ 大米、糯米洗净，加入梨丁、适量的水，
上锅蒸40分钟即可。

六、金银饭

🌾 主料： 大米35克

🍚 配料： 玉米糁5克

🍲 做法：

大米、玉米糁洗净，放入容器中，加入适量的水，上锅蒸40分钟即可。

七、紫菜包饭

🌾 主料： 大米40克

🍚 配料： 干紫菜2克、黑芝麻l克，盐、芝麻油、胡萝卜末少许

🍲 做法：

① 大米洗净，加水蒸40分钟，备用。

② 米饭中加入适量的盐、芝麻油、黑芝麻搅拌均匀。

③ 干紫菜平铺，上面码上一层米饭，卷起，切成段，撒上胡萝卜末即可。

八、鸡丝饭

🌾 主料： 大米40克、鸡蛋5克

🍚 配料： 鸡胸肉l克、干黑市耳l克

🍲 做法：

① 鸡胸肉洗净，煮熟，撕成丝；鸡蛋打散，摊成蛋皮，切丝；干黑木耳泡发，洗净，切丝，备用。

② 大米洗净，加入适量的水，同鸡丝、蛋丝、木耳丝一起上锅，蒸40分钟即可。

九、赤豆米饭

🌾 主料：大米40克

🍲 配料：赤豆1克

🍚 做法：

❶ 赤豆洗净，泡水2小时。

❷ 大米洗净，放入赤豆，加入适量的水，上锅蒸40分钟即可。

十、彩豆饭

🌾 主料：大米40克

🍲 配料：黄豆0.5克、红豆0.5克、绿豆0.5克

🍚 做法：

❶ 黄豆、红豆、绿豆洗净，泡2小时，备用。

❷ 大米洗净，放入泡好的黄豆、红豆、绿豆，加入适量的水，上锅蒸1小时即可。

第三节 小 菜

一、三鲜烤麸

🌾主料：烤麸10克、干香菇5克、花生米5克、干黑市耳2克、香葱1.5克

🥣配料：花生油3.5克、白糖1克、盐0.2克，老抽、生抽、葱姜末少许

🍲做法：

❶干黑木耳、干香菇、烤麸洗净，泡发，切丁，焯水；花生米洗净，泡发；香葱洗净，切末，备用。

❷锅入花生油，煸香葱姜末，入香菇丁、烤麸丁翻炒，加白糖、盐、老抽、生抽调味，放入花生米，加水、木耳丁，大火煮开，转小火炖20分钟，撒入香葱末，出锅即可。

二、什锦蛋羹

🌾主料：鸡蛋20克、番茄5克、菠菜5克

🥣配料：海米0.5克、芝麻油0.5克、盐0.2克，玉米粒、鲜豌豆、胡萝卜丁少许

🍲做法：

❶海米、番茄、菠菜洗净，切末；鸡蛋打散；玉米粒、鲜豌豆、胡萝卜丁焯水，备用。

❷蛋液加盐、温水搅拌，放入海米、菠菜末搅拌均匀，加入番茄末，撒上玉米粒、鲜豌豆、胡萝卜丁，上锅蒸15分钟，出锅，淋入芝麻油即可。

三、菊花豆干

🌱 主料：白豆干20克

🥣 配料：花生油3克、白糖1克、盐0.2克、芝麻油0.2克，
八角、桂皮少许

🍲 做法：

❶ 白豆干水煮，晾凉，顶刀斜切，连刀不切断，翻面继续直切，不切断，沥干水分；锅入花生油，豆干下油锅，炸至金黄色。

❷ 锅中加入清水，开锅后，放入豆干、八角、桂皮，大火煮开，加白糖、盐调味，转小火焖至汤汁收浓，淋入芝麻油，拌匀即可。

四、花生米卤面筋

🌱 主料：面筋10克、花生米1克

🥣 配料：香葱0.5克、老抽0.5克、盐0.2克，冰糖、花椒、
大料、桂皮、小茴香少许

🍲 做法：

❶ 面筋洗净，泡发，切丁；香葱洗净，切末；花椒、大料、桂皮、小茴香装入纱布包，做成调料包，备用。

❷ 花生米洗净，凉水入锅，大火煮沸后，加入老抽、盐、冰糖、调料包，小火焖煮30分钟，加入面筋丁，继续煮20分钟，撒上香葱末，出锅即可。

五、黄金粒

主料：玉米粒10克、红薯5克

配料：花生油1克、盐0.2克，孜然粉、蒜香炸粉少许

做法：

① 红薯洗净，去皮，切丁，与玉米粒一同放入容器中，加盐、蒜香炸粉拌匀。

② 锅中放入花生油，加入红薯丁和玉米粒翻炒，出锅、装盘，撒上孜然粉即可。

一、鱼片鸡丝香菇粥

主料：大米10克、净鱼肉3克、鸡胸肉2克、香菇1.5克

配料：盐0.2克，料酒、胡椒粉、葱姜末少许

做法：

①大米洗净，浸泡30分钟；香菇洗净，切片；鸡胸肉洗净，切丝；净鱼肉洗净，切片，加盐、料酒、胡椒粉、葱姜末腌制，备用。

②锅中清水烧开，放入大米、香菇片，煮30分钟后，加入鸡肉丝、鱼肉片，迅速搅散，再煮5分钟，加盐调味，出锅即可。

二、奶香薏仁粥

主料：牛奶10克、大米7克、薏米3克

配料：白糖0.5克

做法：

①大米、薏米洗净，浸泡1小时，备用。

②锅内加水，放入大米、薏米，煮40分钟，加入牛奶煮5分钟，加白糖，出锅即可。

三、田园鲜虾粥

主料： 大米8克、豌豆5克、虾仁3克、小白菜2克

配料： 盐0.2克，料酒、胡椒粉少许

做法：

❶大米、豌豆洗净；小白菜洗净，切碎；虾仁去虾线，洗净，加盐、料酒、胡椒粉腌制10分钟，备用。

❷锅中清水烧开，放入大米，中火煮30分钟，加入虾仁、豌豆、小白菜碎，再煮5分钟，加盐调味，出锅即可。

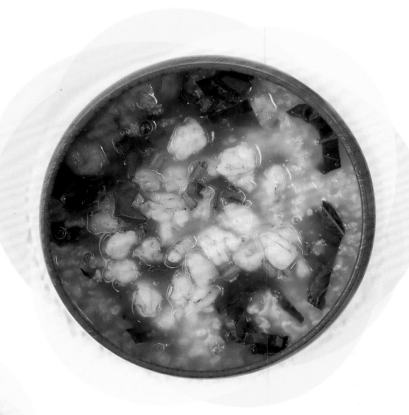

四、苹果麦片粥

主料： 麦片6克

配料： 苹果1克

做法：

❶苹果洗净，去皮，切丁，备用。

❷锅中加水烧开，麦片洗净，入锅煮5分钟，加入苹果丁，出锅即可。

五、南瓜栗子粥

🌱 主料：小米8克、南瓜5克

🍵 配料：栗子仁2克

🍲 做法：

① 南瓜洗净，去皮、瓤，切菱形小块，备用。

② 小米洗净，入锅煮沸，加入栗子仁、南瓜块，大火煮30分钟，出锅即可。

六、菊花粥

🌱 主料：大米5克、薏米2克、莲子1克

🍵 配料：贡菊0.5克、红枣0.5克、白糖0.5克

🍲 做法：

① 贡菊用热水浸泡30分钟，倒出菊花水，备用。

② 大米、薏米、莲子、红枣洗净，同菊花水一起倒入锅中，浸泡1小时，大火煮沸后，转小火煮20分钟，倒入泡好的贡菊，再煮5分钟，加入白糖，出锅即可。

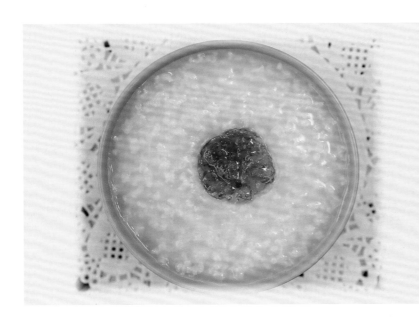

七、蜂蜜香米粥

🌱 主料：香米10克

🍵 配料：蜂蜜1克

🍲 做法：

① 锅加水烧开，香米洗净，入锅煮30分钟。

② 加入蜂蜜，出锅即可。

第三章 秋季篇

第四节 粥

一、冬瓜丸子水晶粉

主料：冬瓜100克、五花肉20克、虾仁5克、鸡蛋5克

配料：花生油2克、水晶粉1克、芝麻油0.5克、盐0.3克，葱姜末、料酒、淀粉少许

做法：

① 冬瓜洗净，去皮、瓤，切成2厘米的菱形块；鸡蛋打散；虾仁去虾线，洗净，切碎；五花肉洗净，和蛋液、虾仁碎搅拌均匀，加盐、料酒、淀粉调味，挤成乒乓球大小的丸子；水晶粉浸泡，切段，备用。

② 锅入花生油，煸香葱姜末，加入冬瓜块，开锅后放入丸子和水晶粉段，加盐调味，出锅即可。

二、鲜贝芥蓝

主料：芥蓝60克、鲜贝5克

配料：花生油4克、盐0.3克，料酒、淀粉、美极鲜酱油、葱姜末少许

做法：

① 鲜贝洗净，焯水，加入盐、料酒腌制；芥蓝洗净，切段，焯水，备用。

② 锅入花生油，煸香葱姜末，倒入鲜贝翻炒，加入芥蓝段，快速煸炒，加盐、美极鲜酱油调味，淀粉勾薄芡，出锅即可。

三、八珍豆腐

🥦 主料：北豆腐20克、平菇10克、口蘑5克、香菇5克、草菇5克、豌豆5克、白牛肝菌2克、鸡腿菇2克

🥣 配料：花生油4克、盐0.3克，高汤、葱姜末、芝麻油、淀粉、料酒、海鲜酱油少许

🍲 做法：

❶ 北豆腐洗净，切块，焯水；平菇、口蘑、香菇、草菇、白牛肝菌、鸡腿菇洗净，切丁，和豌豆分别焯水，备用。

❷ 锅入花生油，爆香葱姜末，倒入焯好的北豆腐、豌豆、各种菌菇，煸炒均匀，加高汤、料酒、海鲜酱油调味，小火焖20分钟，加盐，淀粉勾芡，淋入芝麻油，出锅即可。

四、芙蓉鸡片

🥦 主料：黄瓜40克、鸡胸肉30克、胡萝卜25克、干黑木耳5克

🥣 配料：花生油5克、盐0.3克，白糖、蛋清、料酒、淀粉、葱姜水、葱姜末少许

🍲 做法：

❶ 鸡胸肉洗净，切片，加盐、蛋清、料酒、淀粉、葱姜水腌制20分钟；干黑木耳洗净，泡发，撕小片；胡萝卜、黄瓜洗净，切成菱形片，焯水，备用。

❷ 锅入花生油，鸡肉片过油后，捞出。

❸ 锅留底油，煸香葱姜末，下胡萝卜片、黄瓜片、木耳片翻炒，加入水、白糖，开锅后放入鸡肉片，加盐调味，淀粉勾芡，出锅即可。

五、番茄里脊肉

🌱主料：猪里脊25克、黄瓜20克

🥣配料：花生油3克、番茄酱3克、盐0.3克，淀粉、
料酒、葱姜末少许

🍲做法：

❶猪里脊洗净，切片，加入盐、淀粉、料酒腌
制20分钟，过油捞出；黄瓜洗净，切菱形片，备
用。

❷锅入花生油，下葱姜末、番茄酱煸香，倒入
里脊肉片、黄瓜片翻炒均匀，加盐调味，淀粉勾
芡，出锅即可。

六、莲藕炖排骨

🌱主料：莲藕35克、排骨25克

🥣配料：冰糖2克、花生油1.5克、盐0.3克，酱油、料
酒、十三香、葱姜片少许

🍲做法：

❶排骨洗净，切段，焯水；莲藕洗净，去皮，切
成滚刀块，备用。

❷锅入花生油，下冰糖炒至深红色，放入排骨，
翻炒上色，加水，再加盐、酱油、料酒、十三香、葱
姜片调味，加入莲藕块，小火焖制40分钟即可。

七、猪肉炖豆皮卷

（V）主料：五花肉25克、豆皮卷15克
（碗）配料：色拉油2克、海鲜酱油1克、盐0.3克，料酒、八角、香叶、葱姜末少许
（锅）做法：

① 五花肉洗净，切块，焯水；豆皮卷切段，焯水，备用。

② 锅入色拉油，煸香八角、香叶、葱姜末，下五花肉块煸炒，加盐、海鲜酱油、料酒炒至上色，加水（没过肉），大火烧开，加豆皮卷，转小火慢炖40分钟，大火收汁即可。

八、蟠龙茄子

（V）主料：长茄子100克、甜椒25克、玉米粒5克、豌豆5克
（碗）配料：花生油6克、白糖0.5克、盐0.3克，老抽、淀粉、豆瓣酱、葱姜蒜末少许
（锅）做法：

① 长茄子洗净，打上蓑衣花刀，拍匀淀粉，下入五成热的油锅，炸至金黄色，捞出沥油；甜椒洗净，切丁，和玉米粒、豌豆一起焯水，备用。

② 锅入花生油，入葱姜蒜末、豆瓣酱煸香，加水烧开，放入炸好的茄子，加盐、白糖、老抽调味，装入盘中码成圈。

③ 锅加水，烧沸，放入玉米粒、甜椒丁、豌豆，淀粉勾芡，浇在茄子上即可。

九、口蘑烩三鲜

🌱 主料：口蘑10克、虾仁10克、海参10克、鲜贝10克

🥣 配料：花生油5克、盐0.3克、料酒，美极鲜酱油、淀粉、葱姜蒜末少许

🍲 做法：

❶ 海参去内脏，洗净，切块，焯水；虾仁去虾线，和鲜贝一起洗净，焯水；口蘑去蒂，切片，焯水，备用。

❷ 锅入花生油，下葱姜蒜末煸香，加水，入口蘑片烧开，加盐、料酒、美极鲜酱油调味，倒入虾仁、海参块、鲜贝，转小火焖20分钟，淀粉勾芡，出锅即可。

十、飘香茄盒

🌱 主料：长茄子80克、猪肉10克、韭菜5克、面粉5克、鸡蛋5克

🥣 配料：花生油6克、葱1克、盐0.3克，料酒、姜末少许

🍲 做法：

❶ 长茄子去蒂，洗净，切厚片，中间破开不切断；韭菜、葱洗净，切碎；猪肉绞馅，加韭菜碎、盐、料酒、葱碎、姜末腌制成馅；鸡蛋打散，在容器中加入面粉、少许水、盐，和成面糊，备用。

❷ 锅入花生油，烧至五六成热，茄片夹馅，裹上面糊，下油锅炸至金黄色，捞出沥油，摆盘即可。

十一、浓汤三丝

主料： 冬笋30克、鸡胸肉10克、火腿5克

配料： 花生油3克、盐0.3克，淀粉、料酒、葱姜丝少许

做法：

① 鸡胸肉洗净，切丝，加盐、淀粉、料酒调味，过油；冬笋洗净，切丝，焯水；火腿切丝，备用。

② 锅入花生油烧热，煸香葱姜丝，加盐、料酒、水烧开，然后放入冬笋丝、鸡肉丝、火腿丝，转小火焖6～8分钟，大火收汁，淀粉勾芡即可。

十二、葱香藕盒

主料： 莲藕25克、猪肉25克、鸡蛋5克、面粉5克

配料： 花生油4克、葱3克、盐0.3克，料酒、姜末少许

做法：

① 莲藕洗净，去皮，切厚片，中间破开，不切断；葱洗净，切末；猪肉洗净，绞馅，加盐、料酒、葱末、姜末入味；鸡蛋打散，面粉加蛋液，和成糊状，备用。

② 锅入花生油，烧至五六成热，在莲藕中加入肉馅，裹面糊，下锅炸至金黄色，捞出沥油即可。

十三、枣生栗子鸡

主料：鸡腿35克、无核枣3克、熟栗子3克、花生米1克

配料：花生油5克、冰糖3克、盐0.3克，料酒、老抽、葱段、姜片少许

做法：

❶ 鸡腿洗净，剁块，焯水；花生米炸至金黄色，备用。

❷ 锅入花生油，加入冰糖，炒至深棕色，放入鸡腿块，煸炒上色，烹入料酒、老抽、葱段、姜片，加水，放入熟栗子、无核枣，转小火慢炖40分钟，大火收汁，加盐调味，撒入花生米，出锅即可。

十四、八宝龙利鱼

主料：龙利鱼30克、竹笋25克、胡萝卜15克、虾仁5克、扇贝5克、香菇5克、鲜豌豆5克、黄瓜5克

配料：花生油2克、盐0.3克，淀粉、酱油、高汤、料酒、葱姜末少许

做法：

❶ 龙利鱼洗净，切块，加盐、料酒调味，锅入花生油，滑出；虾仁去虾线，和扇贝一起洗净，焯水；竹笋、胡萝卜、香菇洗净，切块，加鲜豌豆焯水；黄瓜洗净，切块，备用。

❷ 锅入花生油烧热，煸香葱姜末，加酱油、高汤、料酒烧开，加入龙利鱼块、竹笋块、胡萝卜块、虾仁、扇贝、香菇块、鲜豌豆、黄瓜块翻炒均匀，大火收汁，加盐调味，淀粉勾芡，出锅即可。

十五、翡翠双色虾球

🌿 主料：黄瓜65克、虾仁30克、菠菜10克

🥣 配料：花生油3克、淀粉0.5克、盐0.3克，料酒、葱姜末少许

🍲 做法：

❶ 菠菜洗净，榨汁；虾仁去虾线，洗净，焯水，顺背部划一刀成球状，分成两份，取一份加入菠菜汁，上色，两份一起用料酒腌制；黄瓜洗净，切菱形块，焯水，备用。

❷ 锅入花生油，煸香葱姜末，倒入虾仁、黄瓜块翻炒，加盐、料酒调味，淀粉勾芡，出锅即可。

十六、毛氏红烧肉

🌿 主料：猪肉35克

🥣 配料：花生油2克、冰糖2克、生抽0.5克、盐0.3克，料酒、老抽、葱段、姜片少许

🍲 做法：

❶ 猪肉洗净，切块，焯水，备用。

❷ 锅入花生油，加入冰糖，炒糖色，放入猪肉块，翻炒均匀，加入生抽、盐、料酒、老抽、葱段、姜片、水大火烧开，转小火慢炖1小时，大火收汁，出锅、装盘即可。

十七、白萝卜烧羊排

🥬主料：白萝卜45克、羊排30克

🌿配料：花生油2克、盐0.3克，料酒、胡椒粉、葱段、姜片、花椒油少许

🍲做法：

❶羊排洗净，切段，焯水；白萝卜洗净，去皮，切块，备用。

❷锅入花生油，下葱段、姜片煸香，加水，倒入羊排段，大火烧开，放入白萝卜块，加盐、料酒调味，转中火焖至汤浓，加入胡椒粉，淋入花椒油，出锅即可。

第六节　汤

一、蛋蓉玉米羹

🥬 主料：玉米粒5克、鸡蛋5克

🥣 配料：盐0.2克、淀粉0.2克、香葱段少许

🍲 做法：

❶ 鸡蛋打散，备用；锅中清水煮沸，加入玉米粒煮熟，加盐调味。

❷ 淀粉勾芡后，淋入蛋液，撒上香葱段即可。

二、冬瓜香菇蛋汤

🥬 主料：冬瓜l5克、鸡蛋5克、香菇2克、胡萝卜2克

🥣 配料：盐0.2克，香菜末、芝麻油少许

🍲 做法：

❶ 冬瓜洗净，去皮、瓤，切片；香菇洗净，切片；胡萝卜洗净，去皮，切片；鸡蛋打散，备用。

❷ 锅入清水烧开，加入香菇片、冬瓜片，中火煮15分钟，加入胡萝卜片，继续煮5分钟，淋入蛋液，加入盐、芝麻油调味，撒上香菜末，出锅即可。

三、金笋马蹄汤

🥬 主料：胡萝卜10克、马蹄5克

🥗 配料：盐0.2克，香葱、胡椒粉少许

🍲 做法：

❶ 胡萝卜、马蹄去皮，洗净，切片；香葱洗净，切段，备用。

❷ 锅中清水入胡萝卜片、马蹄片，中火煮5分钟，加盐、胡椒粉调味，撒入香葱段即可。

四、莲藕香菜蛋汤

🥬 主料：莲藕10克、香菜5克、鸡蛋2克

🥗 配料：盐0.2克、芝麻油少许

🍲 做法：

❶ 莲藕去皮，洗净，切片；香菜洗净，切末，备用。

❷ 锅中清水入莲藕片煮沸，鸡蛋打散淋入，加盐、芝麻油调味，撒入香菜末，出锅即可。

❀ 第七节　蛋　糕 ❀

一、蜂蜜南瓜蛋糕

🌱 主料：低筋面粉25克、鸡蛋10克、南瓜5克、牛奶5克

🥣 配料：黄油2克、白糖0.5克

🍲 做法：

① 南瓜洗净，去皮、瓤，切块，上锅蒸制30分钟，晾凉，备用。

② 鸡蛋打散，将蛋液、白糖、黄油一同放入打蛋器，高速打发20分钟，使液体发白，加入牛奶、蒸熟的南瓜块，低速打发5分钟，再加入低筋面粉，搅拌均匀，和成面糊。

③ 将面糊均匀地倒入蛋糕杯中，烤箱上火180℃、底火200℃，烤制25分钟取出即可。

二、芝麻香蕉蛋糕

主料：低筋面粉25克、鸡蛋10克、牛奶5克

配料：黄油2克、香蕉1.5克、熟黑芝麻0.5克、白糖0.5克、花生油0.2克

做法：

❶ 鸡蛋打散，同黄油、白糖一起放入打蛋器，高速打发20分钟，使液体发白，加入牛奶，低速打发5分钟，再加入低筋面粉，搅拌均匀，和成面糊。

❷ 烤盘底部刷一层花生油，铺蛋糕纸，再刷一层花生油，将面糊均匀地倒入烤盘，烤箱上火180℃、底火200℃，烤制20分钟，在烤好的蛋糕上，刷上花生油。

❸ 香蕉去皮，切碎，和熟黑芝麻一起撒在蛋糕上，再烤5分钟即可。

三、蓝莓蛋糕

主料：低筋面粉25克、鸡蛋10克、牛奶5克

配料：黄油1.5克、白糖1克，蓝莓酱、花生油少许

做法：

❶ 鸡蛋打散，同黄油、白糖一起放入打蛋器，高速打发20分钟，使液体发白，加入牛奶，低速打发5分钟，再加入低筋面粉，搅拌均匀，和成面糊。

❷ 烤盘底部刷一层花生油，铺蛋糕纸，再刷一层花生油，将面糊均匀地倒入烤盘，烤箱上火180℃、底火200℃，烤制20分钟取出，在烤好的蛋糕上再刷一层花生油，淋上蓝莓酱，再烤制5分钟即可。

秋季第1周食谱

	星期一（Mon）		星期二（Tue）		食谱
	食　谱	带量／人	食　谱	带量／人	食　谱
早餐	麻酱千层糕	小麦面粉（标准粉）25 克，芝麻酱 5 克	蜂蜜南瓜蛋糕	小麦面粉（标准粉）25 克，红皮鸡蛋 10 克，南瓜 5 克，牛乳 5 毫升，黄油 2 克，蜂蜜 2 克，绵白糖 0.5 克	糖三角
	红豆米粥	稻米 10 克，红豆 2 克	鲜牛奶	牛乳 250 毫升	鱼片鸡丝香菇粥
	卤鹌鹑蛋	鹌鹑蛋 20 克，酱油 0.5 克，绵白糖 0.5 克，精盐 0.2 克	酱猪肝	猪肝 15 克，酱油 2 克	三鲜烤麸
加餐	鲜牛奶	牛乳 250 毫升	黑豆豆浆	黑豆 15 克	酸奶
	星星饼干	饼干 5 克	拇指饼干	饼干 5 克	月亮饼干
午餐	绿珠米饭	稻米 40 克，豌豆 5 克	二米饭	稻米 30 克，小米 5 克	金银饭
	冬瓜丸子水晶粉	冬瓜 100 克，猪肉（肥瘦）20 克，虾仁 5 克，白皮鸡蛋 5 克，花生油 2 克，粉条 1 克，芝麻油 0.5 克，精盐 0.3 克	腰果虾仁西蓝花	西蓝花 60 克，虾仁 25 克，腰果 5 克，花生油 3 克，精盐 0.3 克	番茄里脊肉
	鲜贝芥蓝	芥蓝 60 克，鲜贝 5 克，花生油 4 克，精盐 0.3 克	八珍豆腐	北豆腐 20 克，平菇 10 克，口蘑 5 克，香菇 5 克，豌豆（带荚）5 克，草菇 5 克，花生油 4 克，白牛肝菌 2 克，干鸡腿菇 2 克，精盐 0.3 克	莴笋炒鸡蛋
	丝瓜蛋汤	丝瓜 10 克，白皮鸡蛋 5 克，精盐 0.2 克	鸡毛菜蛋汤	鸡毛菜 10 克，白皮鸡蛋 5 克，精盐 0.2 克	木耳菜蛋汤
午点	火龙果	火龙果 200 克	蜜橘	蜜橘 200 克	白兰瓜
	酸奶	酸奶 100 毫升	酸奶	酸奶 100 毫升	鲜牛奶
晚餐	鲜奶棉桃	小麦面粉（标准粉）40 克，白皮鸡蛋 15 克，牛乳 5 毫升，炼猪油 2 克，绵白糖 0.5 克	二丁花卷	小麦面粉（富强粉）40 克，胡萝卜 5 克，黄瓜 5 克	美味牛肉包
	什锦鱼丁	鳕鱼 25 克，青椒 10 克，芹菜茎 10 克，胡萝卜 5 克，豌豆（带荚）5 克，花生油 3 克，精盐 0.3 克	芙蓉鸡片	黄瓜 40 克，鸡胸肉 30 克，胡萝卜 25 克，白皮鸡蛋 5 克，干黑木耳 5 克，花生油 5 克，干酵母 0.4 克，精盐 0.3 克	莲子桂圆粥
	素炒三片	莴笋 45 克，马铃薯 25 克，胡萝卜 10 克，花生油 5 克，干黑木耳 3 克，精盐 0.3 克	醋熘白菜	大白菜 95 克，花生油 5 克，醋 1 克，精盐 0.3 克	
	小米南瓜粥	小米 10 克，南瓜 5 克	玉米面粥	玉米面 10 克	

幼儿园一6周新标准带量食谱

月三（Wed）	星期四（Thu）		星期五（Fri）	
带量／人	食　谱	带量／人	食　谱	带量／人
小麦面粉（标准粉）25 克，红糖□克，全脂牛奶粉 3 克	双色甜发糕	小麦面粉（标准粉）20 克，黑米 5 克，玉米面 5 克，绵白糖 1 克	五仁包	小麦面粉（富强粉）25 克，生花生仁 1 克，核桃仁 1 克，松子仁 1 克，白芝麻 1 克，绵白糖 0.5 克
稻米 10 克，草鱼 3 克，鸡胸肉 2 克，香菇 1.5 克，芝麻油 0.5 克，精盐 0.2 □	鲜牛奶	牛乳 250 毫升		
	什锦蛋羹	红皮鸡蛋 20 克，菠菜 5 克，番茄 5 克，芝麻油 0.5 克，虾米 0.5 克，精盐 0.2 克	山药红枣粥	稻米 10 克，山药 5 克，干枣 2 克
烤麸 10 克，香菇 5 克，鲜花生 5 克，花生油 3.5 克，干黑木耳 2 克，细香□ 1.5 克，绵白糖 1 克，精盐 0.2 克			鸡蛋炒胡萝卜丝	白皮鸡蛋 15 克，胡萝卜 10 克，花生油 3 克，精盐 0.2 克
酸奶 100 毫升	黄豆豆浆	黄豆 15 克	鲜牛奶	牛乳 250 毫升
饼干 5 克	小熊饼干	饼干 5 克	小兔饼干	饼干 5 克
稻米 35 克，玉米糁 5 克	金瓜米饭	稻米 40 克，南瓜 10 克	紫菜包饭	稻米 40 克，干紫菜 2 克，黑芝麻 1 克
猪肉（里脊）25 克，黄瓜 20 克，番茄酱 3 克，花生油 3 克，精盐 0.3 □	四喜丸子	猪肉（后臀尖）25 克，荸荠 15 克，香菇 5 克，红皮鸡蛋 5 克，花生油 3 克，酱油 1 克，精盐 0.3 克	莲藕炖排骨	藕 35 克，猪小排 25 克，冰糖 2 克，花生油 1.5 克，精盐 0.3 克
莴笋 100 克，白皮鸡蛋 20 克，花生油 5 克，精盐 0.3 克	蒜蓉奶白菜	奶白菜 110 克，大蒜 3.5 克，花生油 3 克，精盐 0.3 克	红米丝瓜条	丝瓜 90 克，虾米 10 克，花生油 3 克，精盐 0.3 克
木耳菜 15 克，白皮鸡蛋 5 克，精盐 0.2 克	蛋蓉玉米羹	鲜玉米 5 克，白皮鸡蛋 5 克，淀粉 0.2 克，精盐 0.2 克	豆苗蛋汤	豌豆苗 10 克，红皮鸡蛋 5 克，精盐 0.2 克
白兰瓜 200 克	葡萄	葡萄 200 克	香蕉	香蕉 200 克
牛乳 250 毫升	酸奶	酸奶 100 毫升	酸奶	酸奶 100 毫升
胡萝卜 70 克，小麦面粉（富强粉）□克，牛肉（肥瘦）30 克，大葱 5 克，白皮鸡蛋 5 克，芝麻油 4 克，绵白糖 0.5 克，精盐 0.5 克	银丝卷	小麦面粉（富强粉）40 克，干酵母 0.4 克	肉龙	小麦面粉（标准粉）40 克，猪肉（后臀尖）30 克，大葱 5 克，芝麻油 2 克，精盐 0.5 克
	红烧翅根	鸭翅 30 克，花生油 4 克，大葱 2 克，酱油 1.5 克，绵白糖 0.5 克，精盐 0.3 克	银芽炒韭菜	绿豆芽 70 克，韭菜 20 克，花生油 4 克，精盐 0.5 克
稻米 10 克，干莲子 2 克，桂圆 2 克，绵白糖 0.5 克	素鸡小白菜	小白菜 100 克，油豆腐 10 克，鹌鹑蛋 5 克，花生油 5 克，精盐 0.5 克	翡翠白玉羹	小白菜 10 克，猪肉（瘦）5 克，北豆腐 5 克，淀粉 0.5 克，精盐 0.5 克
	什锦豆粥	稻米 10 克，绿豆 1 克，红豆 1 克，红芸豆 1 克，绵白糖 0.5 克		

秋季第2周食谱

		星期一（Mon）		星期二（Tue）		星期二（Tue）食谱
		食　谱	带量／人	食　谱	带量／人	食　谱
早餐		果料发糕	小麦面粉（富强粉）25克，红皮鸡蛋10克，葡萄干1克，绵白糖0.5克	芝麻香蕉蛋糕	小麦面粉（富强粉）25克，红皮鸡蛋10克，牛乳5毫升，黄油2克，香蕉1.5克，绵白糖0.5克，黑芝麻0.5克，花生油0.2克	鸡蛋饼
		奶香薏仁粥	牛乳10毫升，稻米7克，薏米3克，绵白糖0.5克	鲜牛奶	牛乳250克	田园鲜虾粥
		秘制鸡肝	鸡肝15克，松子仁0.5克，酱油0.5克，芝麻油0.5克，绵白糖0.5克，大葱0.5克，精盐0.2克	金珠雪里蕻	腌雪里蕻5克，黄豆3克，花生油0.5克	菊花豆干
加餐		鲜牛奶	牛乳250毫升	黄豆豆浆	黄豆15克	酸奶
		小鸟饼干	饼干5克	小鱼饼干	饼干5克	小马饼干
午餐		红薯米饭	稻米40克，红薯5克	红豆米饭	稻米40克，红豆1克	黄豆焖饭
		猪肉炖豆皮卷	猪肉（后臀尖）25克，豆腐皮15克，色拉油2克，酱油1克，精盐0.3克	香芋排骨	猪小排40克，芋头30克，精盐1.8克，大葱0.5克，姜0.5克	胡萝卜烧牛肉
		素炒西葫芦	西葫芦115克，花生油2克，精盐0.3克	蟠龙茄子	茄子100克，青椒25克，花生油6克，干玉米粒5克，豌豆（带荚）5克，绵白糖0.5克，精盐0.3克	木耳炒菠菜
		芹菜蛋汤	西芹10克，白皮鸡蛋5克，精盐0.2克	南瓜蛋汤	南瓜10克，红皮鸡蛋5克，精盐0.2克	番茄蛋汤
午点		蜜橘	蜜橘200克	哈密瓜	哈密瓜200克	苹果
		酸奶	酸奶100毫升	酸奶	酸奶100毫升	鲜牛奶
晚餐		麻酱马蹄花卷	小麦面粉（富强粉）35克，芝麻酱3克，红糖1克	蒸饼	小麦面粉（富强粉）30克	猪肉茴香馅饼
		家乡焖带鱼	带鱼35克，色拉油3克，干香菇1克，老抽0.5克，精盐0.3克	口蘑烩三鲜	虾仁10克，海参10克，口蘑10克，鲜贝10克，花生油5克，精盐0.3克	
		蒜蓉豇豆	豇豆85克，色拉油4克，大蒜3克，精盐0.3克	蒜苗炒鸡蛋	蒜苗80克，红皮鸡蛋15克，色拉油5克，酱油0.5克，精盐0.3克	百合红豆粥
		青菠粥	稻米10克，菠菜5克	胡萝卜菠菜粥	稻米10克，胡萝卜2克，菠菜2克	

期三（Wed）		星期四（Thu）		星期五（Fri）	
带量／人	食 谱	带量／人	食 谱	带量／人	
小麦面粉（标准粉）25克，红 [鸡]蛋10克，花生油3克，大 [葱]2克	黑白麻蓉包	小麦面粉(标准粉)25克，白芝麻2克，黑芝麻2克，红糖2克	花生馒头	小麦面粉(标准粉)25克，白皮鸡蛋5克，生花生仁3克	
稻米8克，豌豆（带荚）5克，[仁]3克，小白菜2克，精盐0.2	鲜牛奶	牛乳250毫升	苹果麦片粥	麦片6克，苹果1克	
	煮鸡蛋	红皮鸡蛋25克	洋葱炒鸡蛋	红皮鸡蛋15克，洋葱10克，花生油3克，精盐0.2克	
豆腐干20克，花生油3克，[绵]白糖1克，精盐0.2克，芝麻0.2克					
酸奶100毫升	黑豆豆浆	黑豆15克	鲜牛奶	牛乳250毫升	
饼干5克	花朵饼干	饼干5克	数字饼干	饼干5克	
稻米40克，黄豆0.5克	鸡丝饭	稻米40克，红皮鸡蛋5克，鸡胸肉1克，干黑木耳1克	高粱米饭	稻米30克，高粱米10克	
胡萝卜35克，牛肉（肥瘦）[5]克，色拉油3克，酱油0.5克，[老]抽0.5克，精盐0.3克	红烧莲藕丸子	猪肉（后臀尖）30克，藕20克，豆腐5克，花生油1克，酱油0.5克，老抽0.5克，大葱0.5克，精盐0.3克	五彩里脊丝	黄瓜30克，胡萝卜25克，冬笋25克，猪肉（里脊）25克，蘑菇5克，玉米油5克，精盐0.3克	
菠菜110克，干黑木耳5克，[花]生油3克，精盐0.3克	白菜粉皮	大白菜120克，粉皮2克，花生油2克，精盐0.3克	炝炒奶白菜	奶白菜100克，花生油5克，精盐0.3克	
番茄15克，红皮鸡蛋5克，[精]盐0.2克	丝瓜海米蛋汤	丝瓜15克，红皮鸡蛋5克，虾米1克	冬瓜香菇蛋汤	冬瓜15克，白皮鸡蛋5克，香菇2克，胡萝卜2克，精盐0.2克	
苹果200克	黄金瓜	黄金瓜200克	火龙果	火龙果200克	
牛乳250毫升	酸奶	酸奶100毫升	酸奶	酸奶100毫升	
茴香80克，小麦面粉（标准粉）[3]5克，猪肉（肥瘦）30克，红[皮]鸡蛋10克，虾皮2克，芝麻[油]2克	枣合页	小麦面粉（富强粉）40克，干枣1克	喜来登包	韭菜50克，小麦面粉（标准粉）40克，鲜扇贝20克，猪肉（肥瘦）15克，干黑木耳3克，芝麻油2克	
	酱爆鸡丁	鸡胸肉25克，黄瓜15克，花生油3克，黄酱2克，绵白糖0.5克，精盐0.3克			
稻米10克，百合3克，红豆1[克]	炒合菜	韭菜35克，红皮鸡蛋10克，绿豆芽35克，胡萝卜5克，干香菇5克，花生油4克，粉丝2克，精盐0.3克	鸡丝汤面	面条10克，干紫菜5克，红皮鸡蛋5克，鸡胸肉5克，菠菜5克，芝麻油2克，酱油0.5克	
	小白菜粥	稻米10克，小白菜5克，精盐0.5克			

秋季第3周食谱

		星期一（Mon）		星期二（Tue）		食　谱
		食　谱	带量／人	食　谱	带量／人	食　谱
早餐		豆沙卷	小麦面粉（标准粉）25克，红豆沙8克	蓝莓蛋糕	小麦面粉(标准粉)25克，白皮鸡蛋10克，牛乳5毫升，黄油1.5克，绵白糖1克	萝卜饼
		南瓜栗子粥	小米8克，南瓜5克，栗子2克	鲜牛奶	牛乳250毫升	玉米面茶
		茶鸡蛋	红皮鸡蛋25克，花茶1克，精盐0.2克	什锦素鸡	素鸡10克，胡萝卜7克，大葱1克，芝麻油0.5克，绵白糖0.5克，精盐0.2克	冰糖山楂
加餐		鲜牛奶	牛乳250毫升	黄豆豆浆	黄豆15克	酸奶
		星星饼干	饼干5克	拇指饼干	饼干5克	月亮饼干
午餐		黄豆彩丁饭	稻米35克，黄豆1克，胡萝卜1克，豌豆（带荚）1克	黑麻米饭	稻米40克，黑芝麻2克	三鲜水饺
		浓汤三丝	冬笋30克，鸡胸肉10克，火腿5克，花生油3克，精盐0.3克	江南醋排	猪小排35克，花生油3克，醋1克，绵白糖0.5克，精盐0.5克	
		飘香茄盒	茄子80克，猪肉（瘦）10克，花生油6克，白皮鸡蛋5克，韭菜5克，小麦面粉（标准粉）5克，大葱1克，精盐0.3克	银丝白菜	大白菜120克，花生油4克，粉丝1.5克，精盐0.3克	
		芹菜叶蛋汤	芹菜叶10克，白皮鸡蛋5克，大葱2克，精盐0.2克	翡翠蛋汤	大白菜15克，白皮鸡蛋5克，精盐0.2克	
午点		蜜橘	蜜橘200克	香蕉	香蕉200克	梨
		酸奶	酸奶100毫升	酸奶	酸奶100毫升	鲜牛奶
晚餐		紫米花卷	小麦面粉（标准粉）25克，紫米10克，花生油2克	葡萄干蒸饼	小麦面粉（富强粉）40克，葡萄干5克	香菇米饭
		肉末海带豆腐	北豆腐25克，猪肉（肥瘦）10克，干海带5克，花生油4克，精盐0.3克	红烧平鱼	平鱼35克，花生油4克，酱油2克	肉末蛋羹
		虾皮小白菜	小白菜125克，花生油4克，虾皮3克	土豆爆三丁	青椒40克，胡萝卜30克，莴笋30克，马铃薯20克，花生油3克，精盐0.3克	口蘑烧菜心
		红枣百合粥	稻米10克，百合3克，干枣1克	小人参粥	稻米8克，胡萝卜7克	海带汤

星期三（Wed）带量／人	星期四（Thu）食谱	带量／人	星期五（Fri）食谱	带量／人
小麦面粉（标准粉）30克，白萝卜25克，精盐0.5克	小枣鸡心卷	小麦面粉（标准粉）25克，小干枣2克	刺猬包	小麦面粉（标准粉）25克，红糖5克
玉米面10克，芝麻酱5克	鲜牛奶	牛乳250毫升	菊花粥	稻米5克，薏米2克，干莲子1克，绵白糖0.5克，菊花0.5克，干枣0.5克
山楂15克，冰糖8克，白芝麻1克	花生米卤面筋	油面筋10克，生花生仁1克，细香葱0.5克，老抽0.5克，精盐0.2克	五香猪肝	猪肝20克，胡萝卜2克，大葱1克，酱油1克，绵白糖0.5克，精盐0.2克
酸奶100毫升	黑豆豆浆	黑豆15克	鲜牛奶	牛乳250毫升
饼干5克	小熊饼干	饼干5克	小兔饼干	饼干5克
大白菜70克，韭菜40克，小麦面粉（富强粉）35克，红皮鸡蛋25克，猪肉（后臀尖）25克，芝麻油1克，精盐0.5克	核桃米饭	稻米35克，干核桃2克	彩豆饭	稻米40克，黄豆0.5克，红豆0.5克，绿豆0.5克
	珍珠丸子	猪肉（后臀尖）35克，糯米10克，红皮鸡蛋5克，芝麻油2克，精盐0.3克	莴笋木耳里脊丝	莴笋60克，猪肉（里脊）35克，花生油4克，干黑木耳2克，精盐0.3克
	炝炒圆白菜	圆白菜100克，花生油4克，精盐0.3克	素炒南瓜丝	南瓜80克，大葱5克，花生油4克，精盐0.3克
	豆芽蛋汤	黄豆芽10克，白皮鸡蛋5克，精盐0.2克	金笋马蹄汤	胡萝卜10克，荸荠5克，精盐0.2克
梨200克	柚子	柚子200克	苹果梨	苹果梨200克
牛乳250毫升	酸奶	酸奶100毫升	酸奶	酸奶100毫升
稻米40克，香菇5克	双色球	小麦面粉（标准粉）30克，胡萝卜25克，菠菜15克	松仁肉松卷	小麦面粉（标准粉）40克，猪肉松8克，松子仁1克
红皮鸡蛋40克，猪肉（肥瘦）10克，番茄10克，青蒜5克，芝麻油2克，精盐0.3克	葱香鸡翅	鸡翅30克，大葱5克，豌豆（带荚）5克，花生油3克，绵白糖0.5克，精盐0.3克	虾仁油菜	油菜80克，虾仁25克，花生油4克，精盐0.3克
油菜心100克，口蘑10克，胡萝卜5克，花生油4克	番茄炒鸡蛋	番茄100克，红皮鸡蛋15克，花生油5克，绵白糖0.5克，精盐0.3克	冬瓜羹	冬瓜12克，白皮鸡蛋5克，鲜玉米2克，淀粉0.5克，精盐0.2克
海带6克，精盐0.2克	白菜金笋粥	稻米8克，大白菜5克，胡萝卜2克		

幼儿园一□周新标准带量食谱

		星期一（Mon）		星期二（Tue）		星期三（Wed）
		食 谱	带量／人	食 谱	带量／人	食 谱
早餐		青蛙馒头	菠菜 25 克，小麦面粉（标准粉）20 克，圣女果 0.5 克	金猪报喜	小麦面粉（标准粉）20 克，南瓜 15 克，圣女果 10 克	菊花卷
		山药小米粥	小米 10 克，山药 5 克，燕麦片 2 克	鲜牛奶	牛乳 250 毫升	青豆猪肝粥
		香葱炒鸡蛋	红皮鸡蛋 20 克，小葱 10 克，花生油 4 克	卤鸡蛋	红皮鸡蛋 25 克，酱油 0.2 克，精盐 0.2 克	素什锦
加餐		鲜牛奶	牛乳 250 毫升	黑豆豆浆	黑豆 15 克	酸奶
		小鸟饼干	饼干 5 克	小鱼饼干	饼干 5 克	小马饼干
午餐		玉珠米饭	稻米 40 克，青豆 5 克	四谷饭	稻米 35 克，小米 5 克，糯米 5 克，红豆 0.5 克	蔬菜杂烩打卤面
		葱香藕盒	藕 25 克，猪肉（瘦）25 克，小麦面粉(标准粉)5 克，红皮鸡蛋 5 克，花生油 4 克，大葱 3 克，精盐 0.3 克	八宝龙利鱼	龙利鱼 30 克，竹笋 25 克，胡萝卜 15 克，豌豆（带荚）15 克，黄瓜 5 克，干扇贝 5 克，鲜香菇 5 克，虾仁 5 克，花生油 2 克，精盐 0.3 克	
		云耳西葫芦	西葫芦 90 克，泡发黑木耳 5 克，玉米油 1 克，精盐 0.3 克	踏雪寻梅	北豆腐 30 克，胡萝卜 10 克，豆瓣酱 3 克，香菇 2 克，大葱 2 克，花生油 2 克，老抽 0.5 克，绵白糖 0.5 克，团粉 0.5 克，精盐 0.3 克	
		笋叶蛋汤	莴笋叶 10 克，白皮鸡蛋 5 克，精盐 0.2 克	菠菜蛋汤	菠菜 15 克，红皮鸡蛋 5 克，精盐 0.2 克	
午点		苹果	苹果 200 克	哈密瓜	哈密瓜 200 克	香梨
		酸奶	酸奶 100 毫升	酸奶	酸奶 100 毫升	鲜牛奶
晚餐		红根卷	小麦面粉（标准粉）40 克，胡萝卜 5 克，精盐 0.2 克	葱花卷	小麦面粉（标准粉）35 克，小葱 3 克	金笋米饭
		枣生栗子鸡	鸡腿 35 克，花生油 5 克，干枣 3 克，干栗子 3 克，冰糖 3 克，炒花生 1 克，精盐 0.3 克	翡翠双色虾球	黄瓜 65 克，虾仁 30 克，菠菜 10 克，花生油 3 克，团粉 0.5 克，精盐 0.3 克	玉珠南山
		素炒油麦菜	油麦菜 80 克，花生油 2 克，精盐 0.3 克	腐竹芹菜	芹菜茎 100 克，腐竹 10 克，花生油 3 克，精盐 0.3 克	韭菜炒三白
		虾皮青菜粥	稻米 10 克，小白菜 5 克，虾皮 1 克	玉米面红薯粥	玉米面 10 克，红薯 5 克	丝瓜海带汤

带量/人	星期四（Thu）		星期五（Fri）	
	食　谱	带量/人	食　谱	带量/人
小麦面粉（标准粉）30克，红皮鸡蛋5克，火腿5克，全脂奶粉5克	什锦蛋糕	小麦面粉（标准粉）25克，白皮鸡蛋10克，牛乳5毫升，黄油3克，白砂糖2克，火龙果0.5克，苹果0.5克，猕猴桃0.5克，草莓0.5克	棒棒糖卷	小麦面粉（标准粉）20克，南瓜5克，菠菜5克，番茄5克
稻米10克，猪肝7克，毛豆2克，精盐0.5克	鲜牛奶	牛乳250毫升	蜂蜜香米粥	香米10克，蜂蜜1克
素什锦（豆制品）20克	黄金粒	鲜玉米10克，红薯5克，花生油1克，精盐0.2克	榨菜肉丝	猪肉（瘦）15克，芥菜头15克，花生油3.5克，生抽0.5克
酸奶100毫升	黑豆豆浆	黑豆15克	鲜牛奶	牛乳250毫升
饼干5克	花朵饼干	饼干5克	数字饼干	饼干5克
小麦面粉（标准粉）45克，番茄45克，西芹35.5克，小油菜35克，白皮鸡蛋15克，猪肝5克，花生油3克，酱油2克，芝麻油克，精盐0.5克	梨子糯米饭	稻米35克，糯米5克，梨5克	栗仁米饭	稻米35克，松子仁0.5克，鲜栗子0.5克
	毛氏红烧肉	猪肉（后臀尖）35克，冰糖2克，花生油2克，酱油0.5克，精盐0.3克	桂花肉	猪肉（后臀尖）20克，胡萝卜15克，荸荠10克，白皮鸡蛋10克，花生油3克，大葱2克，精盐0.3克
	茄香绿生	生菜90克，番茄20克，泡发黑木耳3克，花生油2克，精盐0.3克	蒜香翠塘	小油菜105克，大蒜5克，花生油3克，精盐0.3克
	银芽蛋汤	绿豆芽10克，白皮鸡蛋5克，精盐0.2克	莲藕香菜蛋汤	藕10克，香菜5克，红皮鸡蛋2克，精盐0.2克
香梨200克	蜜橘	蜜橘200克	柚子	柚子200克
牛乳250毫升	酸奶	酸奶100毫升	酸奶	酸奶100毫升
稻米40克，胡萝卜10克	麻花卷	小麦面粉（标准粉）40克，菠菜25克，南瓜20克	田园披萨	小麦面粉（标准粉）40克，红皮鸡蛋35克，鲜玉米10克，奶酪8克，胡萝卜5克，青椒5克，香菇5克，培根5克，番茄酱2克
猪肉（瘦）30克，南瓜25克，白皮鸡蛋25克，山药20克，花生油3克	白萝卜烧羊小排	白萝卜45克，羊排30克，花生油2克，精盐0.3克		
绿豆芽20克，茭白20克，大白菜20克，韭菜10克，花生油4克，精盐0.3克	黄瓜炒鸡蛋	黄瓜50克，红皮鸡蛋20克，花生油2克，精盐0.2克	罗宋汤	圆白菜30克，番茄20克，洋葱15克，牛肉（肥瘦）10克，马铃薯10克，胡萝卜5克，芹菜茎5克，黄油5克，番茄酱1克，精盐0.2克
丝瓜10克，海带5克	香菇粥	香米10克，胡萝卜4克，干香菇1克，精盐0.2克		

第四章
冬季篇

一、小熊老婆饼

🥄 **主料**：中筋面粉25克、糯米粉5克、鸡蛋5克、牛奶5克

🍲 **配料**：黄油3克、白糖2克、黑芝麻少许

🍲 **做法**：

❶ 用糯米粉、白糖、黄油制成馅；鸡蛋打散，备用。

❷ 将中筋面粉、黄油、牛奶、水混合和成面团，醒发10分钟，分成均匀的剂子。

❸ 剂子擀皮，包馅，制成小熊形状，用牙签扎上小孔，黑芝麻装饰小熊的眼睛和嘴，刷上蛋液，放入180℃烤箱中，烤熟即可。

二、玫瑰蒸饺

🥄 **主料**：高筋面粉25克、胡萝卜20克、猪肉10克

🍲 **配料**：盐0.2克，芝麻油、葱姜末少许

🍲 **做法**：

❶ 猪肉洗净，绞馅；胡萝卜洗净，去皮，剁碎，与猪肉馅、盐、芝麻油、葱姜末搅拌均匀，备用。

❷ 将高筋面粉、水混合成面团，醒发10分钟，搓成长条，分成均匀的剂子，擀成圆皮，取3张错开叠放，把馅放到圆皮中间卷起，底部用刀从中间切断，将切口处用面皮封住，花瓣向上摆好，整理花形，上屉蒸40分钟即可。

三、南瓜金麦香饼

🥬 主料：南瓜50克、面粉25克、鸡蛋5克

🍲 配料：色拉油1克、盐0.2克

🍵 做法：

❶ 南瓜洗净，去皮、瓤，切块，放入蒸锅中蒸熟，成泥状，晾凉，备用。

❷ 鸡蛋打散，与南瓜泥、面粉、盐、水和成面团，醒发1小时，将发好的面团分成大小均匀的面剂，压扁。

❸ 热锅入色拉油，放入面饼，小火烙熟即可。

四、紫薯碗糕

🥬 主料：面粉25克、鸡蛋10克、紫薯3克

🍲 配料：黄油2克、砂糖1克、果料少许

🍵 做法：

❶ 紫薯蒸熟后去皮，加水，打成薯泥，备用。

❷ 鸡蛋打散，与面粉、黄油、砂糖、水混合均匀，倒入薯泥，用筷子搅拌，使面粉变成了均匀的紫色。

❸ 倒入蛋糕模具2/3处，表面抹平，中火蒸30分钟出锅，撒上果料即可。

五、美味牛肉包

主料：胡萝卜70克、高筋面粉40克、牛肉35克、大葱20克、鸡蛋5克

配料：芝麻油4克、酵母0.5克、盐0.3克，姜、花椒粉、酱油少许

做法：

❶ 鸡蛋打散，与高筋面粉、水、酵母和成面团，醒发20分钟；牛肉绞馅；胡萝卜、大葱、姜洗净，剁碎，加入绞好的牛肉馅中，用芝麻油、盐、花椒粉、酱油拌匀，备用。

❷ 将醒好的面团揉匀，分成大小均匀的剂子，擀成面皮，包上馅，收口捏褶，放入蒸锅，蒸15分钟即可。

六、三色千层饼

主料：中筋面粉25克、菠菜25克、胡萝卜25克、紫薯10克

配料：酵母0.25克

做法：

❶ 菠菜、胡萝卜洗净，榨汁，分别加入中筋面粉、酵母，和成面团，醒发20分钟；紫薯蒸熟，捣泥，加入中筋面粉、酵母、水，和成面团，醒发20分钟，备用。

❷ 三种面团分别搓成长条，揪成小剂，擀成圆形面片，颜色错开叠放，上锅蒸20分钟即可。

七、芋头饼

🌱 主料：面粉20克、芋头15克

🍲 配料：花生油1.5克、白糖1.5克

🍚 做法：

❶ 芋头洗净，去皮，切片，大火蒸20分钟，碾压成泥，与面粉、白糖、水和成面团，分成均匀的面剂，将面剂压成饼。

❷ 饼铛放入花生油，将面饼烙熟即可。

八、绣球馒头

🌱 主料：中筋面粉35克

🍲 配料：酵母0.3克

🍚 做法：

❶ 将中筋面粉、酵母、水混合均匀，揉成光滑的面团待用。

❷ 将面团分成若干均等的小面剂，搓成长条，四个一组摆成井字。第一圈是顺时针转着交错压，将奇数的面条压在偶数的面条上。第二圈是逆时针转着交错压，将偶数的面条压在奇数的面条上，重复进行，至编完，编成绣球状，上锅醒发20分钟，开火蒸40分钟即可。

九、果丁甜窝头

主料：面粉25克、玉米面8克、果脯丁6克、豆面3克
配料：白糖1克、小苏打少许
做法：

❶ 玉米面用开水烫成雪花状，晾凉，加面粉、豆面、白糖、小苏打，均匀揉成面团，加入果脯丁，继续揉匀。

❷ 面团分成均匀大小的面剂，揉成窝头，上锅蒸30分钟即可。

十、口口香麻球

主料：糯米粉20克、澄粉4克
配料：白糖2克、猪油2克、熟白芝麻0.5克、花生油适量
做法：

❶ 澄粉放入盆中，冲入适量的沸水搅匀，揉成软面团，备用。

❷ 糯米粉和白糖混合均匀，加入猪油、澄面团、温水，揉成光滑的面团，醒发30分钟。

❸ 将面团搓成长条，分成大小相同的剂子，揉圆，表面拍水，沾满熟白芝麻；锅入花生油，下油锅炸至金黄色即可。

第二节　米　饭

一、杂粮焖饭

- 主料：大米38克、红豆5克
- 配料：小米2克、绿豆1克、黑豆1克、豌豆1克
- 做法：

　　❶红豆、绿豆、黑豆、豌豆洗净，泡水2小时，备用。

　　❷将大米、小米洗净，倒入容器中，加入红豆、绿豆、黑豆、豌豆，上屉蒸50分钟即可。

二、金瓜米饭

- 主料：大米35克
- 配料：金瓜10克
- 做法：

　　❶金瓜洗净，去皮、瓤，切丝，备用。

　　❷将大米、金瓜丝放入容器中，加适量的水，蒸制40分钟即可。

三、红根米饭

- 主料：大米30克
- 配料：糯米5克、胡萝卜5克
- 做法：

① 胡萝卜洗净，去皮，切丝，备用。

② 大米、糯米和胡萝卜丝搅拌均匀，加入适量的水，上屉蒸40分钟即可。

四、田园饭

- 主料：大米35克
- 配料：小白菜2克、豌豆2克、胡萝卜1克
- 做法：

① 豌豆洗净，泡2小时；小白菜、胡萝卜洗净，切丁，备用。

② 大米、小白菜丁、胡萝卜丁、豌豆搅拌均匀，加入适量的水，上屉蒸40分钟即可。

五、玉米松仁饭

 主料：大米40克

 配料：松仁2克、玉米粒2克

做法：

　　大米、松仁、玉米粒搅拌均匀，加入适量的水，上屉蒸40分钟即可。

六、甜枣饭

主料：大米40克

配料：无核小枣2克

做法：

　　大米、无核小枣洗净，搅拌均匀，加入适量的水，上屉蒸40分钟即可。

第三节 小 菜

一、金钱蛋

🌱 主料：鸡蛋30克、面粉5克

🥣 配料：番茄沙司2克、花生油l克、酱油l克、盐0.2克，淀粉、茶叶少许

🍲 做法：

❶ 将鸡蛋煮熟，去皮，加酱油、茶叶、盐，煮至入味，切片，制成卤蛋片，备用。

❷ 鸡蛋打散，与面粉、淀粉、盐搅拌均匀，和成面糊。

❸ 锅入花生油，将卤蛋片逐个挂面糊，双面煎至金黄色，盛出，蘸番茄沙司食用即可。

二、鸡汁杂豆蒸山药

🌱 主料：山药l0克、花生5克、鸡腿l.5克

🥣 配料：盐0.3克、干黄豆0.l克，荷兰豆、枸杞少许

🍲 做法：

❶ 鸡腿洗净，剁块，煮汤，备用。

❷ 山药洗净，去皮，切片；干黄豆洗净，泡发；荷兰豆洗净，切丝，备用。

❸ 山药片、黄豆、荷兰豆丝、鸡腿和汤一起放入容器中，枸杞点缀，加盐调味，上锅蒸熟即可。

三、琥珀桃仁

🌱 主料： 核桃仁10克

🌿 配料： 冰糖2克、黑芝麻0.2克

🍲 做法：

① 核桃仁洗净，沥干，备用。

② 锅中加水，加冰糖，煮至黏稠成糖浆。

③ 将核桃仁倒入熬好的糖浆中，放入烤箱，170℃烤10分钟，撒入黑芝麻即可。

四、木耳炒豆

🌱 主料： 鲜豌豆15克、胡萝卜5克、干黑木耳2克

🌿 配料： 色拉油2克、盐0.2克，生抽、淀粉、葱姜丝少许

🍲 做法：

① 胡萝卜洗净，切丝，焯水；鲜豌豆洗净，焯水；干黑木耳洗净，泡发，撕小片，备用。

② 锅入色拉油，煸香葱姜丝，放入木耳片、鲜豌豆翻炒，加盐、生抽调味，淀粉勾芡，撒上胡萝卜丝，出锅即可。

五、银鱼炒蛋

- 主料：鸡蛋10克、银鱼5克
- 配料：色拉油2克、盐0.2克，料酒、葱姜末少许
- 做法：

① 银鱼洗净，沥水；鸡蛋打散，备用。

② 锅入色拉油，烧至五成热，爆香葱姜末，倒入银鱼，撒入盐、料酒翻炒，将蛋液滑入，翻炒，出锅即可。

六、虾皮蛋羹

- 主料：鸡蛋25克
- 配料：芝麻油1克、虾皮1克、盐0.2克，椰蓉、果脯干少许
- 做法：

虾皮洗净，鸡蛋打散，加盐，一起搅拌均匀，上锅蒸10分钟，出锅撒上椰蓉，淋入芝麻油，用果脯干装饰成花形即可。

第四节　粥

一、银耳莲子粥

主料：大米6克、薏米2克、银耳2克、莲子2克

配料：冰糖少许

做法：

❶ 大米、薏米洗净；银耳泡发，撕碎；莲子用清水浸泡，备用。

❷ 锅加清水，将大米、薏米、莲子、冰糖加热煮沸后，转小火熬煮30分钟，放入银耳，继续小火熬煮，煮至银耳软糯、汤黏稠即可。

二、香菜肉末粥

 主料：大米10克、猪瘦肉5克、香菜5克

配料：盐0.2克，姜末、料酒、胡椒粉少许

做法：

❶大米洗净；香菜洗净，切末，备用。

❷猪瘦肉洗净，绞馅，加入盐、姜末、料酒、胡椒粉腌制5分钟。

❸大米放入锅中，大火煮开，转中火煮30分钟，加入瘦肉馅，熬至黏稠状，加盐调味，撒上香菜末，出锅即可。

三、紫米红枣粥

主料：大米5克、紫米4克、红枣2克

配料：冰糖少许

做法：

❶大米、紫米洗净，浸泡2小时；红枣洗净，去核，浸泡20分钟，备用。

❷将大米、紫米、红枣放入锅中，加水大火煮沸，转小火熬制30分钟，加冰糖，煮至冰糖融化即可。

四、山药黑豆芝麻糊

🥄 主料：黑芝麻10克、山药10克、黑豆3克

🥄 配料：核桃仁0.5克、杏仁0.5克、白糖0.5克，白芝麻、枸杞少许

🍲 做法：

❶ 黑芝麻上锅，炒干水分，与核桃仁、杏仁一起磨成粉状；山药去皮，洗净，蒸熟，打成泥状；黑豆煮熟，打成泥状，备用。

❷ 将黑芝麻粉、山药泥、黑豆泥、核桃仁粉、杏仁粉混合均匀，放入容器中，倒入开水，搅拌成糊状，加入白糖，撒上白芝麻、枸杞即可。

五、红豆山药苹果粥

🥄 主料：大米6克、山药5克、苹果5克、红豆3克

🥄 配料：白糖少许

🍲 做法：

❶ 山药、苹果洗净，去皮，切丁；大米、红豆洗净，浸泡2小时，备用。

❷ 红豆入锅，大火煮沸后，改小火煮30分钟，加入大米、山药丁、苹果丁，煮至黏稠，加入白糖，搅匀即可。

一、山药玉米炒鸡丁

主料：山药35克、鸡胸肉20克、胡萝卜10克、玉米粒10克

配料：花生油3克、盐0.3克，淀粉、料酒、葱姜末少许

做法：

❶ 将山药、胡萝卜洗净，去皮，切丁，焯水，捞出过凉水；鸡胸肉洗净，切丁，加料酒、淀粉腌制，锅入花生油，滑出，备用。

❷ 锅入花生油，煸香葱姜末，放入山药丁、鸡胸肉丁、胡萝卜丁、玉米粒一同翻炒，加盐、料酒调味，淀粉勾芡，出锅即可。

二、锦绣松仁炒鱼米

主料：鳕鱼25克、彩椒15克、洋葱10克、玉米粒5克、松子仁2克

配料：花生油5克、盐0.3克，淀粉、料酒、葱姜末、鱼露少许

做法：

❶ 鳕鱼切丁，淀粉上浆，加盐、料酒腌制入味，锅入花生油，将鱼丁滑出；彩椒、洋葱洗净，切丁，焯水，备用。

❷ 锅入花生油，煸香葱姜末，下入鱼丁、彩椒丁、洋葱丁、玉米粒翻炒均匀，淀粉勾芡，撒入松子仁，淋入鱼露，出锅即可。

三、节节高

🌱 主料：黄瓜40克、冬笋30克、腐竹15克

🍲 配料：花生油2克、盐0.3克、熟黑芝麻0.2克，料酒、葱姜末少许

🍳 做法：

❶黄瓜洗净，去皮，切菱形块；冬笋、腐竹洗净，切段，焯水，备用。

❷热锅入花生油，葱姜末炒香，加入黄瓜块、冬笋段、腐竹段一同翻炒，加盐、料酒调味，撒上熟黑芝麻，出锅即可。

四、五彩里脊丝

🌱 主料：猪里脊30克、彩椒15克、胡萝卜15克、冬笋15克、干黑木耳10克、黄瓜5克

🍲 配料：花生油3克、盐0.3克，淀粉、生抽、料酒、芝麻油、葱姜丝少许

🍳 做法：

❶猪里脊洗净，切成丝，加盐、淀粉、生抽、料酒调味，过花生油滑出；彩椒、胡萝卜、黄瓜洗净，切丝；干黑木耳、冬笋泡发，切丝，焯水，备用。

❷锅入花生油，下葱姜丝爆香，入冬笋丝、木耳丝翻炒，加肉丝、彩椒丝、胡萝卜丝、黄瓜丝，炒熟，淋入芝麻油，出锅即可。

五、翠玉双丸

🌱 主料：油菜25克、虾仁20克、白萝卜20克、猪肉I5克、香菇5克

🍵 配料：花生油3克、盐0.3克，葱姜水、淀粉、料酒、芝麻油少许

🍲 做法：

❶ 猪肉洗净，绞泥；油菜、香菇洗净，切末，与猪肉泥一起搅拌均匀，加盐、淀粉、料酒、葱姜水、芝麻油打至起劲，做成肉丸，滑油，捞出，沥油，摆盘备用。

❷ 白萝卜去皮，洗净，与虾仁分别剁碎，加盐、葱姜水、料酒、芝麻油，搅拌上劲，调味备用。

❸ 锅加水，烧沸转小火，逐个挤入虾丸，用淀粉勾流水芡，淋在虾丸和肉丸上，出锅即可。

六、养生八宝蔬

🌱 主料：番茄60克、莲藕20克、南瓜20克、茄子20克、山药20克、鲜豌豆I5克、土豆I0克

🍵 配料：花生油3克、蜜枣0.5克、盐0.3克、葱姜末少许

🍲 做法：

❶ 番茄洗净，切丁；南瓜洗净，去皮、瓤，切丁；茄子、莲藕、山药、土豆洗净，去皮，切丁，与鲜豌豆焯水；蜜枣切丁，备用。

❷ 锅入花生油，煸香葱姜末，下入番茄丁翻炒，倒入莲藕丁、南瓜丁、茄子丁、山药丁、鲜豌豆、土豆丁翻炒，撒入蜜枣丁，搅拌均匀，加盐调味，出锅即可。

七、黄金满地

🌾主料：猪肋排35克、胡萝卜30克、干黄豆10克

🥣配料：花生油5克、盐0.3克，老抽、醋、料酒、高汤、葱段、姜片少许

🍲做法：

❶猪肋排洗净，切段，加料酒、盐腌制，过花生油；胡萝卜洗净，去皮，切丁，焯水；干黄豆洗净，泡发，备用。

❷锅入花生油，煸香葱段、姜片，放入排骨段、胡萝卜丁、黄豆，加入盐、老抽、醋、料酒、高汤，小火炖35分钟，出锅前大火收汁，装盘即可。

八、黑椒牛柳

🌾主料：牛里脊20克、紫洋葱20克、彩椒20克

🥣配料：色拉油4克、盐0.3克，淀粉、酱油、料酒、白糖、胡椒粉、芝麻油、葱姜末少许

🍲做法：

❶将牛里脊切成片，加淀粉、酱油、料酒腌制10分钟，用热色拉油滑出，沥油；紫洋葱、彩椒洗净，切菱形丁，焯水，备用。

❷锅入色拉油，煸香葱姜末，下肉片翻炒，加入洋葱丁、彩椒丁搅拌均匀，加盐、料酒、白糖、胡椒粉调味，淋入芝麻油，出锅即可。

九、千张莴笋

V 主料：莴笋80克、胡萝卜20克、豆腐皮12克

配料：玉米油5克、盐0.3克，美极鲜酱油、葱姜蒜末少许

做法：

① 莴笋、胡萝卜去皮，洗净，切片，焯水；豆腐皮切菱形块，焯水，备用。

② 锅入玉米油，爆香葱姜蒜末，入莴笋片、胡萝卜片煸炒，加入豆腐皮，翻炒均匀，加盐、美极鲜酱油调味，出锅即可。

十、罗汉斋

V 主料：莴笋50克、荷兰豆30克、西芹30克、甜椒15克、口蘑10克、干黑市耳5克、香菇5克

配料：花生油3克、盐0.3克，美极鲜酱油、淀粉、葱姜末、蒜片少许

做法：

① 干黑木耳洗净，泡发，与莴笋、荷兰豆、西芹、甜椒、口蘑、香菇切丁，焯水，备用。

② 锅入花生油，煸香葱姜末、蒜片，入香菇丁、口蘑丁，再倒入莴笋丁、荷兰豆丁、西芹丁、甜椒丁、木耳丁搅拌均匀，加盐、美极鲜酱油调味，淀粉勾芡，出锅即可。

十一、双菇鳕鱼

🌱 主料：鳕鱼35克、杏鲍菇5克、鸡蛋5克、鲜香菇3克、芥蓝2克、白果2克

🥣 配料：花生油4克、白糖1克、盐0.3克，美极鲜酱油、淀粉、料酒、葱姜末、芝麻油少许

🍲 做法：

❶鸡蛋打散，鳕鱼切片，加料酒、蛋清、淀粉上浆，滑花生油，捞出沥油；杏鲍菇、香菇焯水，切块；芥蓝焯水，切段；白果焯水，备用。

❷锅入花生油，煸香葱姜末，下杏鲍菇块、香菇块滑炒，放入鳕鱼片，加白糖、盐、美极鲜酱油调味，轻轻翻炒，倒入芥蓝段、白果，淀粉勾芡，淋入芝麻油，出锅即可。

十二、玛瑙翡翠

🌱 主料：圆白菜70克、番茄60克

🥣 配料：花生油5克、盐0.3克

🍲 做法：

❶圆白菜、番茄洗净，切块，备用。

❷锅入花生油，放入圆白菜块快速翻炒，倒入番茄块拌匀，加盐调味，出锅即可。

十三、绿珠茄汁鱼片

主料：鲈鱼40克、番茄20克、熟鸡蛋5克、鲜豌豆5克

配料：花生油4克、盐0.3克，料酒、淀粉、白糖、鱼露、葱姜末少许

做法：

① 鲈鱼洗净，切片，加盐、料酒、淀粉拌匀，入沸水烫熟；番茄焯水，去皮，切丁；熟鸡蛋取蛋清；鲜豌豆焯水，备用。

② 锅入花生油，葱姜末炝锅，入番茄丁炒出汁，添加熟蛋清、鲜豌豆、鱼片，加入适量的盐、白糖、鱼露翻炒，淀粉勾芡，出锅即可。

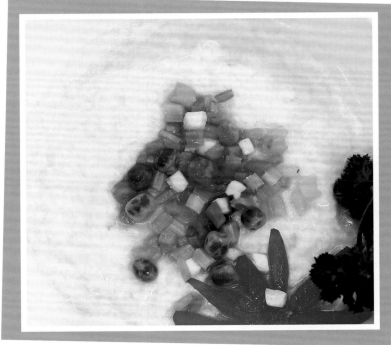

十四、阳春白雪

主料：胡萝卜30克、香芹30克、豆腐25克、香菇5克、鲜豌豆5克

配料：花生油1.5克、盐0.3克、淀粉少许

做法：

① 豆腐焯熟，捻碎；胡萝卜去皮，与香芹、香菇焯水，切丁；鲜豌豆焯水，备用。

② 将胡萝卜丁、香芹丁、香菇丁、鲜豌豆入花生油滑炒，加盐调味，淀粉勾芡，淋在豆腐上，出锅即可。

十五、酿彩椒

主料：彩椒70克、猪肉30克、香菇3克

配料：玉米油2克、料酒0.5克、盐0.3克，高汤、淀粉、葱姜水、葱姜末、芝麻油少许

做法：

❶ 猪肉剁馅，加料酒、盐、淀粉、葱姜水搅拌均匀，分次加入适量清水，搅打上劲；香菇泡发，切丁，焯水后加入搅匀；彩椒洗净，去籽，对半切开，备用。

❷ 锅入清水烧开，肉馅放于彩椒内，上锅蒸20分钟，装盘。

❸ 锅上火入玉米油，煸香葱姜末，加高汤调味，淀粉勾芡，淋在彩椒上，淋入芝麻油，出锅即可。

十六、银丝菠菜炒肝

主料：菠菜60克、猪肝25克、粉丝4克

配料：花生油3克、盐0.3克，料酒、淀粉、葱姜丝、蒜末少许

做法：

❶ 猪肝洗净，切片，余水，捞出沥干，加盐、料酒、淀粉搅拌均匀，入热花生油中滑出；菠菜去根，洗净，切段；粉丝浸泡，切长段，备用。

❷ 锅入花生油，煸香葱姜丝、蒜末，加入菠菜段翻炒，倒入猪肝片、粉丝，加盐调味，出锅即可。

十七、黑椒三丁

- 🌾 主料：南瓜40克、莲藕20克、猪里脊20克
- 🥣 配料：玉米油4克、盐0.3克，淀粉、白糖、胡椒粉、料酒、生抽、葱油、姜末、蒜片少许
- 🍲 做法：

❶ 猪里脊洗净，切丁，加盐、淀粉、白糖、料酒，入味上浆；莲藕、南瓜洗净，去皮，切丁，拍淀粉，入五成热油爆至表面微干，捞出沥油，备用。

❷ 锅入玉米油，炒香姜末、蒜片，下肉丁与莲藕丁、南瓜丁翻炒，加盐、生抽调味，撒上胡椒粉，淋上葱油，出锅即可。

十八、洋葱排骨煲

- 🌾 主料：洋葱55克、猪肋排35克
- 🥣 配料：花生油2克、盐0.3克，料酒、白糖、淀粉、美极鲜酱油、葱姜蒜末少许
- 🍲 做法：

❶ 猪肋排洗净，切块，加盐、料酒、淀粉腌制上浆，过热花生油，捞出，备用。

❷ 洋葱洗净，去皮，切丁，放置容器底部，排骨码放在上面，加水、盐、料酒、白糖、葱姜蒜末调味，小火炖30分钟，大火收汁，淋入美极鲜酱油即可。

第六节　汤

一、虾皮紫菜汤

主料：紫菜5克、虾皮3克

配料：盐0.2克，香菜末、芝麻油少许

做法：

1. 虾皮洗净，备用。
2. 锅中清水烧开，倒入紫菜、虾皮，加盐、芝麻油调味，撒入香菜末，出锅即可。

二、白菜蛋花骨汤

🥬 主料：白菜5克、鸡蛋5克、猪棒骨2克

🍵 配料：盐0.2克，葱段、姜片、花椒粒、芝麻油少许

🍲 做法：

❶ 猪棒骨洗净，焯水；白菜洗净，切丝；鸡蛋打散，备用。

❷ 猪棒骨凉水下锅，入葱段、姜片、花椒粒煮沸，加盐调味，下入白菜丝煮沸，洒入蛋液，淋入芝麻油，出锅即可。

三、蛋蓉丝瓜汤

🥬 主料：丝瓜10克、鸡蛋5克

🍵 配料：盐0.2克，香菜、芝麻油少许

🍲 做法：

❶ 丝瓜洗净，去皮，切片；鸡蛋打散；香菜洗净，切末，备用。

❷ 锅中加水，煮沸，入丝瓜片，开锅后，倒入蛋液，撒入香菜末，加盐调味，淋入芝麻油，出锅即可。

❀ 第七节　蛋　糕 ❀

一、黄桃蛋糕

主料：低筋面粉20克、鸡蛋5克、牛奶5克

配料：黄油1.5克、白糖1克、黄桃0.5克、花生油少许

做法：

①将鸡蛋打散，与黄油、白糖一同放入打蛋器，高速打发20分钟，使液体发白。在蛋液中加入牛奶，低速打发5分钟，再加入低筋面粉，搅拌均匀，和成面糊。

②烤盘底部刷一层花生油，铺蛋糕纸，再刷一层花生油，将面糊均匀地倒入烤盘，烤箱上火180℃、底火200℃，烤制20分钟取出，在烤好的蛋糕上刷一层花生油，将黄桃切碎，撒在蛋糕上，再烤制5分钟，切块即可。

二、乳酪蛋糕

主料：低筋面粉25克、鸡蛋10克

配料：黄油2克、干酪2克、白糖1克

做法：

❶黄油和干酪隔热水化开；将鸡蛋的蛋清和蛋白分离，备用。

❷蛋黄打散，加入化开的黄油、干酪，加入低筋面粉，搅拌均匀成面糊。蛋白加白糖打发，分三次加入蛋黄面糊中，拌匀。

❸将拌好的面糊倒入模具里，烤箱上火160℃、下火180℃，烤制50分钟，烤好后在烤箱中放置30分钟，取出晾凉，切块即可。

第四章 冬季篇

第七节 蛋糕

147

三、肉松蛋糕

主料：低筋面粉20克、鸡蛋5克、牛奶5克

配料：猪肉松3克、黄油2克、白糖2克、花生油少许

做法：

❶鸡蛋打散，与白糖、黄油一同放入搅拌器，高速打发20分钟，使液体发白，在蛋液中加入牛奶，低速打发5分钟，再加入低筋面粉，搅拌均匀，和成面糊。

❷烤盘底部刷一层花生油，铺蛋糕纸，再刷一层花生油，将面糊均匀地倒入烤盘，烤箱上火180℃、底火200℃，烤制20分钟取出，在烤好的蛋糕上刷一层花生油，再烤制5分钟，撒上一层猪肉松，切块即可。

四、海绵宝宝

主料：低筋面粉25克、鸡蛋10克、牛奶5克

配料：黄油3克、白糖1克

做法：

❶ 鸡蛋打散，与白糖放入搅拌器内，高速打发20分钟，分两次加入低筋面粉，搅拌均匀。

❷ 容器中倒入牛奶、黄油，搅拌均匀，加入蛋糊，倒入蛋糕模具中，烤箱上、下火均160℃，烤制30分钟，切块即可。

冬季第1周食谱

		星期一（Mon）		星期二（Tue）		
		食　谱	带量／人	食　谱	带量／人	食　谱
早餐		红枣馒头	小麦面粉（标准粉）20克，干枣1克	乳酪蛋糕	小麦面粉（标准粉）25克，红皮鸡蛋10克，硬质干酪2克，黄油2克，绵白糖1克	小熊老婆饼
		百合红豆粥	稻米10克，红豆3克，百合2克	鲜牛奶	牛乳250毫升	小米南瓜粥
		金钱蛋	白皮鸡蛋30克，小麦面粉（标准粉）5克，酱油1克，番茄酱1克，花生油1克，精盐0.2克	鸡汁杂豆蒸山药	山药10克，鸡腿1.5克，荷兰豆0.5克，精盐0.2克，黄豆0.2克	卤鸡蛋
加餐		鲜牛奶	牛乳250毫升	黄豆豆浆	黄豆15克	酸奶
		小马饼干	饼干5克	小鱼饼干	饼干5克	数字饼干
午餐		红豆米饭	稻米35克，红豆5克	金瓜米饭	稻米35克，金瓜10克	紫薯米饭
		番茄牛柳	番茄25克，胡萝卜15克，牛肉(肥瘦)15克，黄瓜10克，洋葱10克，花生油5克，番茄酱3克，精盐0.3克	香芋红烧肉	猪肉（肥瘦）30克，黄瓜10克，芋头5克，花生油5克，干黑木耳1克，酱油2克，绵白糖0.5克	豌豆炒虾球
		虾仁油菜	油菜90克，虾仁15克，花生油6克，精盐0.3克	菠菜炒鸡蛋	菠菜90克，红皮鸡蛋20克，花生油5克，精盐0.3克	肉丝炒芹菜
		虾皮萝卜汤	白萝卜10克，白皮鸡蛋5克，虾皮1克	白菜蛋花骨汤	大白菜5克，白皮鸡蛋5克，猪肘棒2克，精盐0.2克	紫菜蛋花汤
午点		火龙果	火龙果200克	苹果	苹果200克	柚子
		酸奶	酸奶100毫升	酸奶	酸奶100毫升	鲜牛奶
晚餐		芝麻糖包	小麦面粉（标准粉）30克，黑芝麻3克，绵白糖1克	佛手包	小麦面粉（标准粉）40克，红豆沙10克	香菜牛肉面
		山药玉米炒鸡丁	山药35克，鸡胸肉20克，鲜玉米10克，胡萝卜10克，花生油3克，精盐0.3克	锦绣松仁炒鱼米	鳕鱼25克，青椒15克，彩椒15克，洋葱10克，鲜玉米5克，花生油5克，生松子2克，精盐0.3克	胡萝卜炒木耳
		香菇蒜苗	蒜苗60克，干香菇10克，花生油3克，精盐0.3克	白菜炖粉条	大白菜80克，花生油5克，粉条2克，精盐0.3克	
		银耳莲子粥	稻米6克，干银耳2克，干莲子2克，薏米2克	香菇红枣南瓜粥	南瓜5克，稻米5克，干枣1克，干香菇1克	

期三（Wed）		星期四（Thu）		星期五（Fri）	
带量／人	食　谱	带量／人	食　谱	带量／人	
小麦面粉（标准粉）25克，红皮鸡蛋5克，牛乳5毫升，糯米5克，黄油3克，绵白糖2克	紫米枣发糕	小麦面粉（标准粉）25克，白皮鸡蛋5克，紫米3克，干枣0.5克	玫瑰蒸饺	小麦面粉（标准粉）25克，胡萝卜20克，猪肉（后臀尖）10克，芝麻油1克，精盐0.2克	
小米10克，南瓜5克	鲜牛奶	牛乳250毫升	麻酱玉面粥	玉米面10克，芝麻酱2克	
红皮鸡蛋25克，酱油3克，绵白糖0.2克，精盐0.2克	琥珀核桃	鲜核桃10克，冰糖3克，黑芝麻0.2克	芝士烤土豆	马铃薯15克，硬质干酪4克，黄油2克，白芸豆1克，鲜玉米1克，青椒1克，洋葱1克	
酸奶100毫升	黑豆豆浆	黑豆15克	鲜牛奶	牛乳250毫升	
饼干5克	小兔饼干	饼干5克	小鸟饼干	饼干5克	
稻米30克，紫薯10克	玉米松仁饭	稻米35克，玉米1克，松子仁0.5克	杂粮焖饭	稻米38克，红豆2克，小米2克，绿豆1克，黑豆1克，豌豆1克	
黄瓜28克，豌豆（带荚）15克，虾仁15克，花生油5克，精盐0.3克	萝卜粉丝汆丸子	白萝卜50克，猪肉（肥瘦）25克，香菜5克，红皮鸡蛋5克，松子仁2克，粉丝2克，虾皮1克，精盐0.3克	烧汁猪肝	猪肝35克，黄豆芽10克，洋葱10克，花生油5克，甜面酱2克，番茄酱2克，酱油0.5克，精盐0.3克	
芹菜茎90克，猪肉（肥瘦）10克，色拉油6克，精盐0.3克			菜心炒蛋	油菜心90克，红皮鸡蛋20克，色拉油5克，精盐0.3克	
干紫菜5克，白皮鸡蛋5克，芝麻油0.5克，精盐0.2克	节节高	黄瓜40克，冬笋30克，腐竹15克，花生油2克，精盐0.3克，黑芝麻0.2克	丝瓜海带汤	丝瓜10克，水发海带5克，精盐0.2克	
柚子200克	冰糖橙	冰糖橙200克	香蕉	香蕉200克	
牛乳250毫升	酸奶	酸奶100毫升	酸奶	酸奶100毫升	
小麦面粉（标准粉）50克，白萝卜30克，牛肉（肥瘦）30克，油菜20克，香菜3克，芝麻油2克，精盐0.3克	金丝小窝头	小麦面粉（标准粉）20克，玉米面15克，胡萝卜5克	卷心菜豆腐水煎包	圆白菜35克，小麦面粉（标准粉）30克，猪肉（肥瘦）20克，北豆腐7克，芝麻油3克，粉丝2克，虾皮2克，大葱2克，精盐0.3克，细香葱0.1克	
胡萝卜60克，豌豆（带荚）5克，花生油5克，泡发木耳2克，精盐0.2克	五彩里脊丝	猪肉（里脊）30克，彩椒15克，胡萝卜15克，冬笋15克，黄瓜5克，干黑木耳5克，花生油3克，精盐0.3克	炒金银丝	绿豆芽45克，胡萝卜30克，玉米油5克，精盐0.3克	
	蒜蓉奶白菜	奶白菜90克，花生油5克，大蒜3克，精盐0.3克	什锦果仁粥	稻米5克，糯米2克，黑米2克，薏米1克，干核桃1克	
	紫米红枣粥	稻米5克，紫米4克，干枣2克			

冬季第2周食谱

		星期一（Mon）		星期二（Tue）		
		食　谱	带量／人	食　谱	带量／人	食　谱
早餐		南瓜金麦香饼	小麦面粉（标准粉）25克，白皮鸡蛋5克，南瓜5克，色拉油1克，精盐0.2克	黄桃蛋糕	小麦面粉（标准粉）20克，红皮鸡蛋5克，牛乳5毫升，绵白糖1克，黄油1.5克，黄桃0.5克	三色盘卷
		紫米红枣粥	稻米7克，紫米3克，干枣3克	鲜牛奶	牛乳250毫升	紫薯银耳莲子羹
		芹菜藕丁	芹菜茎15克，藕10克，色拉油2克，芝麻油0.5克，精盐0.2克	香煎小泥肠	小泥肠10克，花生油1克，干紫菜0.5克，白芝麻0.5克	金银珠雪里蕻
加餐		鲜牛奶	牛乳250毫升	黑豆豆浆	黑豆15克	酸奶
		星星饼干	饼干5克	拇指饼干	饼干5克	花朵饼干
午餐		黄豆紫米饭	稻米30克，紫米10克，黄豆2克	高粱米饭	高粱米25克，稻米15克	田园饭
		红烧排骨海带	猪小排35克，干海带5克，黄豆5克，花生油3克，大葱2克，酱油1.5克，精盐0.3克	滑蛋虾仁	虾仁25克，香菇10克，红皮鸡蛋5克，花生油4克，泡发黑木耳2克，精盐0.3克	香酥鱼排
		番茄西葫芦炒蛋	番茄40克，西葫芦40克，红皮鸡蛋10克，花生油3克，精盐0.3克	养生八宝蔬	番茄60克，茄子30克，藕20克，山药20克，南瓜20克，豌豆（带荚）15克，马铃薯10克，花生油3克，蜜枣0.5克，精盐0.3克	素鸡菠菜
						蛋蓉丝瓜汤
		萝卜粉丝汤	白萝卜10克，粉丝1克，精盐0.2克	小白菜蛋汤	小白菜10克，红皮鸡蛋5克，精盐0.2克	
午点		苹果	苹果200克	蜜橘	蜜橘200克	脐橙
		酸奶	酸奶100毫升	酸奶	酸奶100毫升	鲜牛奶
晚餐		芋头三角包	小麦面粉（标准粉）30克，芋头5克，绵白糖0.5克	芝麻香葱烙饼	小麦面粉（标准粉）30克，花生油3克，细香葱1.5克，黑芝麻1克，精盐0.2克	茴香白菜猪肉饺子
		翠玉双丸	油菜25克，白萝卜20克，虾仁20克，猪肉（瘦）15克，香菇5克，花生油3克，豌豆2克，精盐0.3克	香菇鸡腿	鸡腿35克，香菇15克，花生油4克	
		栗子扒油菜	油菜90克，鲜栗子10克，花生油4克，精盐0.3克	蒜苗炒里脊丝	蒜苗80克，猪肉（里脊）5克，色拉油4克	
		小人参粥	稻米10克，胡萝卜5克	大米青菜粥	稻米10克，菠菜5克	

星期三（Wed）	食　谱	带量／人	食　谱	带量／人
带量／人				
小麦面粉（标准粉）30克，菠菜25克，胡萝卜25克，南瓜25克	麻酱糖花卷	小麦面粉（富强粉）25克，芝麻酱4克，绵白糖1克	酱肉包	小麦面粉（标准粉）25克，猪肉（肥瘦）10克，黄酱1克，精盐0.5克，芝麻油0.5克
紫薯10克，干银耳2克，干莲子2克，冰糖2克	鲜牛奶	牛乳250毫升	玉米糁粥	玉米糁10克
猪肉（肥瘦）10克，黄豆6克，腌雪里蕻5克，花生油2克	小蘑菇炒蛋	红皮鸡蛋15克，口蘑5克	胡萝卜五香豆腐丝	豆腐丝15克，胡萝卜10克
酸奶100毫升	黄豆豆浆	黄豆15克	鲜牛奶	牛乳250毫升
饼干5克	月亮饼干	饼干5克	小熊饼干	饼干5克
稻米35克，小白菜2克，豌豆2克，胡萝卜1克	米饭	稻米40克	红根米饭	稻米30克，胡萝卜5克，糯米5克
平鱼30克，花生油4克，面粉2克，精盐0.3克	黄金满地	猪小排35克，胡萝卜30克，黄豆10克，花生油5克，精盐0.3克	土豆烧牛肉	马铃薯40克，牛肉（肥瘦）20克，花生油5克，豌豆2克，精盐0.3克
菠菜85克，素鸡10克，花生油4克	草菇烧丝瓜	丝瓜70克，草菇10克，胡萝卜5克，花生油4克，精盐0.3克	莴笋炒鸡蛋	莴笋110克，红皮鸡蛋15克，花生油5克
丝瓜10克，红皮鸡蛋5克，精盐0.2克	豆苗蛋汤	豌豆苗5克，红皮鸡蛋2克，精盐0.2克	虾皮紫菜汤	干紫菜5克，虾皮3克，精盐0.2克
脐橙200克	梨	梨200克	香蕉	香蕉200克
牛乳250毫升	酸奶	酸奶100毫升	酸奶	酸奶100毫升
大白菜45克，茴香40克，小麦面粉（标准粉）40克，猪肉（肥瘦）30克，花生油2克，芝麻油2克，精盐0.5克	韭菜蛋龙	小麦面粉（富强粉）35克，红皮鸡蛋10克，韭菜5克	双色萝卜丝素包	白萝卜70克，胡萝卜50克，小麦面粉（富强粉）35克，芝麻油2克
	银丝菠菜炒肝	菠菜60克，猪肝25克，粉丝4克，花生油3克，精盐0.3克	三鲜馄饨	小麦面粉（富强粉）15克，红皮鸡蛋10克，虾仁10克，猪肉（肥瘦）10克，韭菜10克，芝麻油3克
	醋熘白菜	大白菜80克，花生油3克，醋2克，酱油1克		
	香菜肉末粥	稻米10克，猪肉（瘦）5克，香菜5克，精盐0.2克		

冬季第3周食谱

		星期一（Mon）		星期二（Tue）		
	食　谱	带量／人	食　谱	带量／人	食　谱
早餐	紫薯松糕	小麦面粉（标准粉）25克，红皮鸡蛋10克，紫薯3克，黄油2克，白砂糖1克	椒盐花卷	小麦面粉（富强粉）25克，红皮鸡蛋5克，花椒0.5克，精盐0.5克	肉松蛋糕
	山药紫米粥	紫米8克，糯米2克，山药2克	鲜牛奶	牛乳250毫升	山药黑豆芝麻糊
	蒜香鸡肝	鸡肝15克，大蒜2克	木耳炒豆	豌豆（带荚）15克，胡萝卜5克，干黑木耳2克，色拉油2克，精盐0.2克	五香鹌鹑蛋
加餐	鲜牛奶	牛乳250毫升	黄豆豆浆	黄豆15克	酸奶
	数字饼干	饼干5克	小鱼饼干	饼干5克	小马饼干
午餐	红豆绿豆饭	稻米40克，红豆1克，绿豆1克	红薯米饭	稻米40克，红薯5克	红豆米饭
	翅中炖蘑菇	鸡翅40克，干蘑菇5克，色拉油3克，酱油0.5克，老抽0.5克，大葱0.5克，姜0.5克，精盐0.3克	蜜汁红烧肉	猪肉（后臀尖）40克，色拉油2克，大葱1克，冰糖0.5克，老抽0.5克，酱油0.5克，料酒0.5克，姜0.5克，精盐0.3克	油菜丸子
	肉末菠菜	菠菜90克，猪肉（瘦）5克，花生油5克，大葱2克，生抽1克，精盐0.3克	清炒茼蒿	茼蒿100克，花生油2克，大蒜0.5克，精盐0.5克	胡萝卜炒粉丝
	番茄蛋汤	番茄10克，红皮鸡蛋5克，精盐0.2克	黄瓜紫菜汤	黄瓜10克，干紫菜1克，精盐0.2克	木耳菜蛋汤
午点	苹果	苹果200克	芦柑	芦柑200克	梨
	酸奶	酸奶100毫升	酸奶	酸奶100毫升	鲜牛奶
晚餐	糖三角	小麦面粉（富强粉）35克，红糖5克	燕麦蒸饼	小麦面粉（标准粉）35克，燕麦片5克，黑芝麻0.5克	美味牛肉包
	黑椒牛柳	牛肉（瘦）20克，青椒20克，洋葱20克，色拉油4克	孜然羊肉	羊肉（瘦）35克，香菜5克，花生油2克，小葱0.5克，精盐0.3克，孜然0.2克	香菇菜花粥
	千张莴笋	莴笋80克，胡萝卜20克，千张12克，玉米油5克，精盐0.3克	罗汉斋	莴笋50克，西芹30克，荷兰豆30克，青椒15克，口蘑10克，干香菇5克，干黑木耳5克，花生油3克，精盐0.3克	
	冬瓜薏米粥	稻米8克，冬瓜5克，薏米2克	腊八粥	稻米8克，薏米2克，红豆1克，干枣1克，黄豆1克，干桂圆0.5克，干莲子0.5克，松子仁0.5克	

期三（Wed）	星期四（Thu）		星期五（Fri）	
带量／人	食谱	带量／人	食谱	带量／人
小麦面粉（标准粉）25克，牛乳5毫升，红皮鸡蛋5克，猪肉松3克，黄油2克，绵白糖2克	三色千层饼	小麦面粉（标准粉）25克，菠菜10克，胡萝卜10克，紫薯10克，干酵母0.25克	芝麻烧饼	小麦面粉（标准粉）25克，芝麻酱3克，白芝麻2克，花椒1克，精盐0.5克
山药10克，黑芝麻10克，黑豆3克，干核桃0.5克，杏仁0.5克，绵白糖0.5克	鲜牛奶	牛乳250毫升	小米百合粥	小米10克，干百合3克
	青菜小豆腐	小白菜20克，北豆腐5克，色拉油2克，芝麻油0.5克，精盐0.2克	酱牛肉	酱牛肉15克，青椒0.5克
鹌鹑蛋20克，大葱5克，酱油1克，精盐0.2克				
酸奶100毫升	黑豆豆浆	黑豆15克	鲜牛奶	牛乳250毫升
饼干5克	小熊饼干	饼干5克	小鸟饼干	饼干5克
稻米40克，红豆0.5克	玉米松仁饭	稻米40克，玉米2克，松子仁2克	甜枣饭	稻米40克，干枣2克
油菜60克，猪肉（瘦）25克，大葱5克，花生油3克，酱油0.5克，精盐0.3克	米粉肉	猪肉（后臀尖）35克，糯米3克，酱油0.5克，老抽0.5克，精盐0.3克	黄焖排骨	猪小排35克，蒜苗10克，北豆腐10克，色拉油3克，豆瓣酱2克，大蒜2克，酱油1克
胡萝卜60克，大葱5克，花生油2克，粉丝1克，精盐0.3克	鸡蛋炒芹菜	芹菜茎80克，红皮鸡蛋10克，玉米油5克，精盐0.3克	响油双笋	芦笋60克，冬笋60克，色拉油3克，精盐0.3克
木耳菜15克，红皮鸡蛋5克，精盐0.2克	棒骨菠菜汤	菠菜10克，棒骨5克，精盐0.2克	蔬菜肉丝汤	猪肉（瘦）5克，胡萝卜3克，菜花3克，番茄3克，精盐0.2克
梨200克	柚子	柚子200克	香蕉	香蕉200克
牛乳250毫升	酸奶	酸奶100毫升	酸奶	酸奶100毫升
胡萝卜70克，小麦面粉（富强粉）40克，牛肉（肥瘦）35克，大葱20克，红皮鸡蛋5克，芝麻油4克，干酵母0.5克，精盐0.3克	佛手包	小麦面粉（富强粉）40克，红豆沙8克	肉卷	小麦面粉（富强粉）30克，猪肉（后臀尖）30克，大葱5克，芝麻油3克，精盐1克
菜花15克，稻米10克，香菇10克	双菇鳕鱼	鳕鱼35克，杏鲍菇5克，红皮鸡蛋5克，花生油4克，香菇3克，芥蓝2克，干白果2克，绵白糖1克，精盐0.3克	巧手包菜	圆白菜90克，花生油4克，大葱1克，酱油1克，精盐0.3克
	玛瑙翡翠	圆白菜70克，番茄60克，花生油5克，精盐0.3克	菠菜鸡蛋挂面汤	菠菜10克，挂面（富强粉）10克，红皮鸡蛋5克
	红豆山药苹果粥	稻米6克，山药5克，苹果5克，红豆3克		

冬季第4周食谱

		星期一（Mon）		星期二（Tue）		
	食　谱	带量／人	食　谱	带量／人	食　谱
早餐	香葱芝麻卷	小麦面粉（标准粉）25克，细香葱5克，黑芝麻2克，花生油2克，精盐0.2克	芋头饼	小麦面粉（标准粉）20克，芋头15克，绵白糖1.5克，花生油0.5克	果丁甜窝头
	薏米小枣粥	稻米8克，薏米2克，干小枣2克	牛奶麦片粥	牛乳250毫升，麦片5克	什锦米粥
			豌豆炒香菇	香菇10克，胡萝卜5克，豌豆（带荚）5克，色拉油3克，大葱1克，精盐0.2克	
	虾皮蛋羹	白皮鸡蛋25克，虾皮1克，芝麻油1克，精盐0.2克			盐水鸭肝
加餐	鲜牛奶	牛乳250毫升	黑豆豆浆	黑豆15克	酸奶
	拇指饼干	饼干5克	星星饼干	饼干5克	小兔饼干
午餐	南瓜米饭	稻米40克，南瓜5克	四谷饭	稻米30克，小米10克，糯米3克，红豆1克	三鲜肉饼
	肉末茄子	茄子65克，猪肉（后臀尖）30克，玉米油4克，酱油0.5克，料酒0.5克，精盐0.3克	豆酱栗子鸡	鸡腿35克，玉米油4克，干枣3克，干栗子3克，豆瓣酱1克	
	素炒油菜	油菜90克，花生油4克，精盐0.3克	翡翠蔬菜卷	大白菜15克，胡萝卜15克，黄瓜15克，彩椒15克，玉米油4克，精盐0.3克	菠菜粉丝
	萝卜豆腐汤	白萝卜5克，豆腐5克，精盐0.2克	紫菜蛋花汤	干紫菜10克，白皮鸡蛋5克，精盐0.2克	香菇毛菜蛋汤
午点	香梨	香梨200克	香蕉	香蕉200克	苹果
	酸奶	酸奶100毫升	酸奶	酸奶100毫升	鲜牛奶
晚餐	枣合页	小麦面粉（富强粉）35克，干小枣3克	绣球馒头	小麦面粉（标准粉）35克	绿珠米饭
	绿珠茄汁鱼片	鲈鱼40克，番茄20克，花生油5克，豌豆（带荚）5克，红皮鸡蛋5克，精盐0.5克	酿青椒	青椒70克，猪肉（瘦）35克，干香菇3克，玉米油2克，精盐0.3克	黑椒三丁
	阳春白雪	胡萝卜30克，芹菜茎30克，豆腐25克，干香菇5克，青豆5克，花生油1.5克，精盐0.3克	番茄炒鸡蛋	番茄100克，白皮鸡蛋15克，玉米油3克，绵白糖0.5克	腰果西芹
	板栗百合粥	稻米10克，鲜栗子3克，百合2克	薏米莲子粥	稻米8克，干莲子3克，薏米2克	蛋蓉丝瓜汤

星期三（Wed）		星期四（Thu）		星期五（Fri）	
带量／人	食 谱	带量／人	食 谱	带量／人	食 谱
小麦面粉（标准粉）25克，玉米面8克，山楂条4克，黄豆粉3克，青梅果脯2克，绵白糖1克	海绵宝宝	小麦面粉（标准粉）25克，白皮鸡蛋10克，牛乳5毫升，黄油3克，白砂糖1克	口口香麻球	糯米20克，澄粉4克，绵白糖2克，猪油2克，白芝麻0.5克	
稻米8克，糯米1克，紫米1克，薏米1克，绵白糖1克	鲜牛奶	牛乳250毫升	薏米莲子粥	稻米7克，薏米3克，干莲子1克	
鸭肝20克，精盐0.5克，花椒0.2克	菠菜紫甘蓝	菠菜15克，紫甘蓝15克，色拉油2克，精盐0.2克	银鱼炒蛋	白皮鸡蛋10克，银鱼5克，色拉油2克，精盐0.2克	
酸奶100毫升	黑豆豆浆	黑豆15克	鲜牛奶	牛乳250毫升	
饼干5克	月亮饼干	饼干5克	小马饼干	饼干5克	
小麦面粉（标准粉）35克，海虾15克，猪肉（瘦）10克，韭菜10克，白皮鸡蛋10克，色拉油3克，芝麻油0.5克	核桃饭	稻米40克，干核桃3克	金沙米饭	稻米35克，玉米面5克	
	南乳水晶肉	猪肉35克，玉米油3克，腐乳2克，绵白糖0.5克，精盐0.3克	洋葱排骨煲	洋葱55克，猪小排35克，花生油2克，精盐0.3克	
菠菜90克，玉米油4克，粉丝1克，豆瓣酱1克	炝炒莴笋	莴笋80克，彩椒12克，花生油5克，大葱2克，精盐0.3克	云耳西葫芦	西葫芦110克，黑木耳5克，玉米油3克，白米虾1克	
鸡毛菜10克，白皮鸡蛋5克，干香菇1克，精盐0.2克	海带猪骨汤	干海带5克，猪肘棒5克，鲜玉米2克，胡萝卜2克，精盐0.2克	珍珠银耳汤	红皮鸡蛋5克，银耳2克，绵白糖0.5克	
苹果200克	火龙果	火龙果200克	小叶橘	小叶橘200克	
牛乳250毫升	酸奶	酸奶100毫升	酸奶	酸奶100毫升	
稻米40克，豌豆1克	银丝卷	小麦面粉（富强粉）40克	豆沙角	小麦面粉（标准粉）40克，红豆沙5克，白皮鸡蛋5克，白砂糖2克	
南瓜40克，藕20克，猪肉（瘦）20克，玉米油5克，黑胡椒粉0.5克，精盐0.3克	黄瓜虾仁蒸蛋	白皮鸡蛋40克，黄瓜15克，虾仁10克，芝麻油0.5克，精盐0.3克	小白菜氽羊肉丸子	小白菜90克，羊肉（肥瘦）35克，芝麻油4克，粉丝2克，虾皮2克	
西芹75克，熟腰果5克，玉米油3克	冬瓜粉条	冬瓜110克，花生油5克，粉条3克			
丝瓜10克，红皮鸡蛋5克，精盐0.2克	江米葡萄干粥	稻米8克，葡萄干3克，糯米2克